与爱重逢
穿越亲密关系的迷雾

LOVE WAITS
BEYOND THE MIST OF RELATIONSHIP

周卫慧 著

图书在版编目（CIP）数据

与爱重逢：穿越亲密关系的迷雾/周卫慧著．—宁波：宁波出版社，2020.5（2022.6重印）

ISBN 978-7-5526-3826-4

Ⅰ．①与… Ⅱ．①周… Ⅲ．①心理学—通俗读物 Ⅳ．① B84-49

中国版本图书馆 CIP 数据核字（2020）第 037824 号

与爱重逢：穿越亲密关系的迷雾
周卫慧　著

责任编辑	汪　婷
责任校对	詹李芳
出版发行	宁波出版社
地址邮编	宁波市甬江大道 1 号宁波书城 8 号楼 6 楼　315040
装帧设计	金字斋
印　　刷	宁波白云印刷有限公司
开　　本	889mm×1194mm　1/32
印　　张	6.5
字　　数	130 千
版　　次	2020 年 5 月第 1 版
印　　次	2022 年 6 月第 3 次印刷
标准书号	ISBN 978-7-5526-3826-4
定　　价	46.00 元

如发现缺页或倒装，影响阅读，请与印刷厂联系，电话：0574-87296414
（版权所有　翻印必究）

前　言

生而为人，注定伴随着不完美与伤痛。从出生到成年的过程中，原生家庭塑造着我们的主要信念和心智模式，这些信念和心智模式决定着我们对生活和学习工作中遇到的事件的反应。而事件的结果又会反过来加固我们的信念和心智模式。如此循环往复，我们往往就会受困于自我认知和事件的轮回里。

欲改之，先纳之。先要看到、承认、面对自我的不完美和伤痛，然后很多包裹着的防御和束缚模式就会逐步松动，继而瓦解。我们才会发现所谓伤痛并不是生命的全部，也不是个人化的。很多的资源，祖先的、文化的、个体的等等，带着丰足的爱在等待我们去看到，去获取，从而转化我们的生命，改变我们的生活。

在连年主持工作坊课程的过程中，我见证了很多生命的故事，它们如无价之宝，在情感和理性的交织中指向人心渴望的所在——爱的所在。在最近一场工作坊上，大家都很投入以至于没有停下来茶歇。眼看着快到午餐时间，门被静悄悄地打开，一群年龄在三岁到十几岁的孩子鱼贯而入，每个人手里端着茶歇盘子，原来是来给课堂上的妈妈送吃的。也是在这一次工作坊上，一位长年饱受抑郁症折磨的母亲，接受了一次深度个案咨询，终于能面对自己，能穿越长期的疏离和阻断，联结上生命的中心。就在这个时刻，门被打开，她的儿子走了过来，偎依在她怀里。整个课堂都能感受到爱的清泉重新流淌，犹如汩汩流动的美好。

这是生命本有的美好，该有的样貌。

而为了走到这一步亲历生命中这样的美好，几乎每个人都走过了长长的探索之路，包括我自己。从20年前的文学创作逐步转为从事家庭疗愈和个体成长工作，其间所见所感所悟，不是寥寥数语所能描绘的。记得2001年初到纽约，两天后就亲历"9·11"事件，看着双子大楼在火光烟云中被夷为平地，震惊之余不由生发出"我是谁？我的余生要怎样度过？"的疑问，尽管那时候我还很年轻。之后开始学习西方的身心灵课程，因缘际会下，自然而然地接触了中国文化儒释道中释家的这一部分。渐渐地，便在异国他乡思考起个体、

前　言

家庭、母语文化与故土的关联。发展到后来，我决定回国，专心地学习、研究、实践对生命的探索。其间，心理学中的家庭治疗这一块最能引发我的兴趣，同时中国文化中的心性修养也让我心向往之。时至今日，实践证明这两样学问的结合能有效改造生命！

本书稿来源于一套同名的音频课，从点击量和反馈来看颇受欢迎。现在经过编辑、修改和校正，我们把它结集成书的形式并出版。在当下物质欲望发达和心灵敏感多变的环境下，人心寂寞，爱匮乏，关系也容易出现危机，尤其年轻的一代面对着前所未有的压力和焦虑，而能获得的支持却非常有限。这样的大环境下，个体的心智成长，家庭生态的重建就显得迫切、重要了。

全书的内容分为伴侣关系、亲子关系和创伤三个议题，都是实际实用的内容，与我们每个人的家庭、事业和个体的身心安康都有着切实的关联。这些内容曾支持了数千户的家庭和上万的个体与心灵。愿你有机会读到并且收获属于你的启发和力量。

书中的伴侣关系、亲子关系和创伤这三大议题，主要是基于系统排列的三大法则，即秩序、归属、平衡展开的，同时还糅合了创伤治疗、催眠、非暴力沟通等心理治疗技术，以及来自悠活"如何爱"系列课程的启发。

在书中，还有单独列出的静与善的修养。这一部分的内容就是来自中国文化里的心性修养传统，在我们以往的工作中发挥了很大的作用。中国文化里并没有西方心理学惯用的"治疗"或"疗愈"一说，而是用了"修养"这个词。如果说治疗和疗愈的说法有意无意地把当事人当成病人来看，那么修养一词则显得相对温厚。"修"字，可以解释为作为人，如是如实地去面对自己，修正偏差的认知和行为；"养"字可以理解为成长需要时间和耐心，犹如养一盆植物，或者养一个孩子一样，去陪伴和滋养生命。把心理学和心性修养结合起来，正是我们工作的特色。

在本书出版之际，我和"喜悦之家"的粉丝与家人们一样感到兴奋和感动，感恩所有教诲和启发了我的老师们，感谢所有信任我们并愿意把案例贡献出来的当事人，感谢所有为这本书的出版而付出的人。希望这本书里面的内容、案例和修养可以对读者们的个体身心有所助益，希望大家家庭和事业和谐兴旺。愿我们都能喜悦吉祥，与爱重逢！

目录

第一章 · 伴侣关系

进入伴侣关系的三个条件	003
男女间的施受平衡	007
危机中的伴侣关系之重建平衡（一）	013
危机中的伴侣关系之重建平衡（二）	017
性的原始动力	022
打破对婚姻的幻想	027
伴侣关系回春法之沟通（一）	033
伴侣关系回春法之沟通（二）	037
伴侣关系回春法之吵架	042
伴侣关系回春法之包裹	048
伴侣关系回春法之目标	053
前任的隐形影响	058
二见钟情	063

第二章·亲子关系

仅有爱是不够的	071
担心是对孩子的诅咒	075
破解无效亲子关系之信念	080
破解无效亲子关系之解救注意力	084
破解无效亲子关系之设置界限	088
破解无效亲子关系之找回自己的力量	093
破解无效亲子关系之游戏和拥抱	097
尊重和整合——抚平孩子的创伤	102
孩子永远都有他的父母	108
单亲家庭的三个特点	112
妈妈上位	118
系统不支持你吃醋——重组家庭和谐之道	122
瘾症、早恋等与父母影响力有关	128
所有的孩子和父母都是好的	134
母亲与母教	141

第三章 · 创伤

创伤在说话	149
放弃这要命的归属感	154
你真的动弹不得	158
当孩子无法移动	163
你的坏脾气你的苦承袭了谁	168
她用梦解除了性创伤	173
侦破创伤给出的信号	178
女性的天花板——自我贬低	183
你更擅长和男人还是女人打交道	188
与爱重逢	192

第一章
伴侣关系

进入伴侣关系的三个条件

首先说明一下,当我们谈到单身的人如何进入伴侣关系的话题时,并没有暗示单身是不好的,我身边就有不少单身的令人尊敬的朋友和熟人。其实选择单身和选择婚姻或关系,都有各自的好处和损失。比如,选择单身,就无法拥有婚姻和关系带来的好处;而选择婚姻和关系,就无法拥有单身拥有的便利。这是一种理性的态度,这样的认知,会让我们对未拥有的东西保有一份谦卑和尊重,而不是嫉妒和诋毁。

单身的人进入伴侣关系,第一个条件:要放弃单身带来的好处与傲慢。同时,充分享受伴侣关系带来的好处。我们可以想一下,单身和进入伴侣关系各自的好处。

从我们接触到的案例来看,男女关系的确有它令人生畏的地方,算是难啃的骨头。两个不同的人,在激情和玫瑰色的幻想褪去后,就要面对荒凉的内在,你所有不愿意面对的,对方一定会呈现给你。对方其实就是你的潜意识冰山。进入伴侣关系——恋爱、同居、婚姻,并非是一个人与另一个人的结合,而是双方家族系统的结合。在你和另一半在一起的时候,双方系统里那些心智模式、关系纠葛、未完成的事件都会如同银行转账般,进入对方的账号,并对对方造成深深的影响。因此,你会发现伴侣吵架往往会恨到对方的父母和家族,这是情绪泛化,其实当事者并不一定会意识到。

所以,单身的人进入伴侣关系的第二个条件就这样诞生:你在个人心智上或者说人格上要足够成熟。只有足够成熟,才可以经受相处过程中的差异与碰撞,这里也包括两个家族系统的碰撞与融合。从系统的视野看,你和爱人的相遇,其实也代表了背后两个家族系统要借助对方系统来更新、升级自身。

单身者之所以单身,之所以无力经营好一段稳定的伴侣关系,不是简单的个人的限制性信念、负面情绪、心智模式决定的。

第一,需要看一看当事人与其父母的关系是如何的,父母的婚姻是怎样的,再探究一下原生家庭系统里发生过什么,有什么未竟事件可能在无形地吸引他的注意力,让他以忠诚地模仿或者补偿这样的心理机制牺牲自己。举个例子,一位单身学员在处理好与早逝的母亲的内在联结后,便遇到一位男士,进入了婚姻。

第二,还得看当事人有没有相关的性创伤。我们也有学员在做了性创伤疗愈后,很快进入了伴侣关系。

单身的人进入伴侣关系的第三个条件就是:要提升生命力。以前住在纽约的时候,听到说"old bachelor"(老单身汉)身上有狗的味道和礼貌但拒人千里之外的冷淡味道。这样不行,要有人味,人的味道,要提升生命力。你活蹦乱跳、热情洋溢的,吸引不到人才怪呢。

总结下来,单身的人进入伴侣关系的三个条件:一、放弃单身的自由与傲慢,多看伴侣关系带来的好处。二、修炼出成熟的人格,尤其要检查与原生家族系统的纠葛。三、提升自己的生命力。其实做到其中任何一条就很好了。

最后,我们安静下来,做一个冥想,闭上眼睛,慢慢看到你未来的伴侣,他也在看着你……露出一个微笑,对面前的伴侣说:我打开我的心,欢迎你进来,也请你打开你的心,欢迎我进去!

静与善的修养 1　　保持觉知

静与善的修养是中国几千年来一贯的心性修养,诚如诸葛亮《诫子书》里讲的:"静以修身,俭以养德。非澹泊无以明志,非宁静无以致远。"做人做事就是修养,分静定和行善两部分,可以为我们的生活事业带来直接的裨益。

今天我们需要做保持觉知的练习。

如果你在散步,或者在做其他事情,比如做家务,那就让每一个动作尽量清楚,意思是当你发现注意力跑掉,就拉回来,再跑,再拉回来。

能坐的请闭眼静坐,可以听声音,或者观呼吸。把心念轻轻放在声音或呼吸上。心系一缘。

……

慢慢睁开眼睛,感受当下的新鲜,一切都是新的。过去的就让它过去,当下没有挂碍。请把这种随时静下来,随时更新的气魄带到我们生活工作各方面。

男女间的施受平衡

男女之间谁在精神和物质上付出,谁又在接受,付出和接受之间是不是平衡?有没有恰当的回报呢?无条件的爱,不求回报的爱,讲的是尊重对方是什么样子就是什么样子,但健康的关系里,一方真心的付出,势必能引发对方的回应。对方会因为你的付出,有回报的压力和冲动。在回报时,又因为爱,他会加多一点点;那轮到你回报他时,又因为爱他,再加多一点点。在这种正向互动中,每个人都加多一点点,爱就越来越多。这是第一种丰盛的情况。

第二种情况,彼此也是回报,但不会加多,偶尔还会减少一点,这样的关系也基本算平衡,但就缺少活力。

第三种情况,一方付出,另一方只是接受。这样的关系严重不平衡,最终会导致破裂。和人们想象得不太一样,离开的往往是那个一直在得到的人。前一阵媒体上报道的某位明星的太太与经纪人出轨,导致离婚。其实女方早已有了一个要离开的动力——物质上施受不平衡,依赖丈夫过着奢侈生活。生了两个孩子算是一定程度的补偿和感情联结,但因没有足够的感情基础,所以也就没有尊重与感恩之心来继续平衡这段关系。最后的分开,其实是无法再接受了。那些出轨的视频,暧昧的照片和短信,会让丈夫看到并成为把柄,但从另外一个角度讲,难道不是女方无意识的安排吗?一些离异事件中,最早想离开的往往是接受太多无法回报的那一方,无法回报物质金钱,也无法回报爱与尊重。那么离开,就是最好的选择。同时潜意识中的愧疚,会让女方以自毁形象的方式来证明自己就是个坏女人。公众的唾骂其实也起到了平衡的作用,平衡了女方之前得到的利益和好处。

这里涉及系统排列中讲到的良知的概念,这个良知不是我们通常讲的那个良知,尽管有重合之处。良知对平衡有不容置疑的要求,这是非常严肃的。没有人能逃得开潜意识对平衡的运作。付出,才能得到。白白得到很多,就一定会想办法让自己失去一些什么,来重建平衡。这也是因果法则。

同样是明星,最近热播剧中的主角之一,一开始是嫁给富豪丈夫,一时风光无两,但后来经历丈夫破产又抑郁,她并没有离开,而是付出了支持和陪伴。这个平衡了之前丈夫对她的付出，同时还收获了公众对她的好感，至今星路一片平坦。演艺事业上的成功也平衡了她当时的忍耐和付出。

当下有不少女强男弱的婚姻或关系，有时能观察到男方变得很愤怒、挑衅，但他那个姿态其实也掩盖不住无法与太太的付出达到平衡的愧疚感。而愧疚感，会成为攻击性，貌似在攻击太太，其实是在攻击自己的无能。所以在一些婚姻中，总有一个好人与坏人的搭配。

施与受的平衡，真的像一条铁律，在每个人的潜意识层面运行。有时我们也能看到伴侣一方有严重疾病或残疾，完全依赖另一方的照顾，但这段关系却也可以运作得和谐幸福，为什么呢？一个关键词：感恩！在不能平衡对方付出的时候，如果可以由衷地感恩对方，关系就平衡了。就是这么奇怪，一个人付出很多，只要另一个人很真心地看到并感谢，双方就扯平了。其实，人真的要得不多，就是一颗真心，一个承认与感谢。这在我们工作坊上展示得非常明显。

那个可以给出感谢的人，一定是足够谦卑的。和人们以为的相反，那个能够带着感谢接受别人付出的人，其实很勇敢。

通常男女结合在一起时，一方的付出会受到对方能接受的程度的限制，她觉得300块一夜的酒店已经很贵，你就很难给她订豪华套房，即使偶尔可以，但并非长久之计。或者他只愿意吃素,你就无法给他订海鲜饭。先圣孔子说:己所不欲,勿施于人。我们说:己所欲,就可以施于人吗?我们想要的就可以强加给别人吗?也不能。尊重别人的差异性,才能有好的平衡关系。

最后问大家一个问题,如果伴侣中有一方做出破坏性的行为,比如不遵守承诺,比如冷战不理你,吵架时摔坏了家里东西,甚至动手打了你,或者和别人玩暧昧甚至出轨,这个时候,你会如何反应,如何平衡呢?

男人女人怎么扯平?下一篇,我们会讲更多的平衡之道,同时会涉及男女关系出现危机时,如何化解,让关系焕发新生。

静与善的修养 2　　静坐

读南怀瑾先生的书,里面讲到世界上一共有 96 种静坐的姿态,比较常见的是七支坐法,就是静坐时肢体有七个要点。我们来练习一下。

第一,腿要双盘。如果不能双盘,便用单盘。左腿在上或右腿在上,都可以,也可以散盘,就是把两腿交叉架住。一般要加个垫子放在臀部下面垫高,以舒服为准。

第二,脊梁竖直,不要太生硬,也不要太用力。

第三,两手心向上,把右手背放在左手心上面,两个大拇指轻轻相拄。这个叫"结手印"。双手这样自然地放在丹田下面,胯骨上面。

第四,两肩稍微张开。

第五,头放正,下巴稍微内收一些。

第六,我们现在普遍用眼过多,所以眼睛呢,就完全闭上。

第七,舌头轻轻抵住上腭。

其他方面还有,比如最好面带微笑,这样可以放松全身神经,不要吃太饱或太饿,空气不要太闷,也不要有很多风。

接下来请按这个方法闭目静坐。(注:具体请参阅南怀瑾《静坐修道与长生不老》)

……

慢慢睁开眼睛，感受当下的新鲜，一切都是新的。过去的就让它过去，当下没有挂碍。请把这种随时静下来，随时更新的气魄带到我们生活工作各方面。

危机中的伴侣关系之重建平衡（一）

当两性关系出现危机，你和你的伴侣如何通过合情合理地"撕"，扭转结局？在很多时候，你会发现不是委曲求全、忍气吞声，或者显得大度、不计前嫌就能改善关系，往往是浪子丝毫不为你所动，你却被自己感动了。浪子没有回头，你是否要一直把圣女的形象保持下去呢？

所以，我们就知道，一段稳定和谐的婚姻或关系，不是靠牺牲、靠宽容、靠装好人就能成功的。关键在于——你对人性有深层的了解吗？你是不是过于执着好的感觉，太在乎做一个错不在自己，而都来自别人的干干净净的人呢？

系统排列把这种心理称之为清白感。清白感其实是种傲慢，喜欢做好人的人都有清白感，清白感会让对方愤怒，你做好人了，那人家只好做坏人。有一部电影讲两兄弟，老大一直表现得孤僻抑郁，出各种问题，因而得到父母很多关爱；老二则是个乖孩子。老二很愤怒地对老大说，坏人都让你做了，我只好做好人。在伴侣关系中也是如此。喜欢做好人的那位要注意了，伴侣的坏某种意义上是你制造的。很有趣的现象是，婚姻里总有一个好人与坏人的设置。水至清则无鱼，没有能力藏污纳垢的人，对人性没有深层认识的人进入婚姻，其和伴侣的关系一定会出现之前意想不到的问题。

不少学员因婚姻出现危机而走进我们的课堂，我把婚姻危机分四等：一、关系疏离，已经没有流动感；二、已有出轨现象；三、离异；四、已在外面有了孩子。这些学员之后基本上说他们的婚姻和关系出现了质的转化。那他们做了哪些改变，才收拾了烂摊子，转逆境为顺境，让关系重新获得平衡和新生呢？

第一，以爱作为报复的手段。如果对方出轨，轻易地原谅对方是不负责任的。关系在渴求平衡，人性也会因深层的良知需要平衡，所以犯错的人，一直在等待惩罚。如果你不做出适当程度的惩罚，他就会继续做出破坏性举动，直到关系彻底破裂。故而，适度的惩罚和报复是对爱有利，对关系续存有利的。

至于什么是适度的报复，怎样才能在破坏性局面中重建平衡，而不是因为报复反而陷入恶性循环导致最后破裂呢？

答案是，适度是一定要比对方伤害你的程度小一些，并且带着爱。否则他会因为愤怒和受伤对你做出更多不好的行为，或者觉得你们俩扯平了，他可以离开了。记得贝克汉姆出轨助理后，他的太太辣妹没有在公开场合与他撕破脸，这里有一份爱与尊重在。但后来新闻说贝克汉姆送给了辣妹几百万欧元的戒指，这算是爱的惩罚。或者需要补偿的那一方可以拒绝在一个月或几个月内与犯错的另一方进行性生活等等，这些方法都能重建关系的尊严和力量。

第二，让关系重获平衡的人，一定也反省了自己有没有在伴侣的位置，还是说结了婚身在这里，心却还留在原生家庭。婚姻和关系出现问题，要反省自己有没有全然在关系里，有没有做到妻子或丈夫的本分，否则对方没有感觉到你的存在，他只能到外面去找人。某种意义上，是自己把伴侣推给别的女人或男人的。

静与善的修养 3　悲欣交集

童年的一部分时光里，我们全家住过普济寺、法雨寺、大乘庵等几个地方，现在去法雨寺，还能认出我们住过的地方，虽然已经改成知客堂了。晨钟暮鼓，香烟缭绕，松涛海浪，在心里种下了种子，也伴随着我走过青春的叛逆，之后一段时间的迷茫，与现在的前行。

记得多年前有人在网上问，你童年在寺庙里住过，那为何还会写出那样叛逆的作品，我当时没有回答。现在想想，弘一法师的四个字"悲欣交集"，难道不是对我们每个生命的诠释吗？

静定的目的，是了解生命的奥义，退而求其次，我们还可以借助静定达到保持头脑清晰和身体健康，改善抑郁和焦虑的目的。我们相信经过几个月、半年、一年的坚持，这个静定和觉知的习惯会慢慢在我们的生活中种下种子。方向确定，而路长路短，则始终在我们脚下。共勉！

接下来可以用上次教的七支坐法，坐上一坐。

……

慢慢睁开眼睛，感受当下的新鲜，一切都是新的。过去的就让它过去，当下没有挂碍。请把这种随时静下来，随时更新的气魄带到我们生活工作各方面。

危机中的伴侣关系之重建平衡(二)

伴侣关系处于危机时,如何重建平衡,让它焕发新生?上篇分享了两个方法,一是以爱作为报复手段,适度回敬,以求平衡。二是反省自己是否在关系里,是做好了角色的本分,还是依然粘连在原生家庭里,就是结了婚,也给对方"婚姻里没人,家里没人"的感觉。

第三个修复伴侣关系危机的方法:要有忘记和不再提及过去的自律。所谓既往不咎。"三心不可得"的说法中就包括"过去心不可得",过去的就让它过去,如此,男人和女人,伴侣关系才会有未来。

出过轨的伴侣怕什么呢?怕的是恢复关系后,被秋后算账。怕对方会抓住这个把柄不放,站在道德制高点来说事。所以,如果真的还想维系这个关系,还想好好过下去,那么双方都需要有忘记和不再提的自律。幸福，需要勇气，更需要谦卑。咬咬牙，不要再觉得是别人在欠你，在伤害你。就算1000万个理都在你这边，你也真的被伤害到了，可如果你还想维系这段关系，就要按照有助于实现目标的方式去做。不要心里想维系这份关系，行为与语言表现出来的却是不甘心，还在把对方推开。所以，对发生的事情要认，然后按照好的方向去做。

曾给一位女当事人排列婚姻个案，她说是要修补关系，要保住这段婚姻，但从移动上来看，却是与她说的完全相反。丈夫没有退后，是她在退后，甚至还移动到系统以外的地方，留下丈夫和情人并肩站在场上。这样的真相，值得反思。我们究竟要什么？我们真的要幸福吗？弗洛伊德说人有死的本能，一点不错，在排列场域看得很明显，在文学与艺术作品中甚至更明显，有多少不朽的经典作品在歌颂死亡与受苦，有多少读者和观众在几千年的文化长河中被那些悲剧而不是喜剧感动得不能自已。记住，痛苦和不幸，是甜蜜的。在审美与美学上，痛苦似乎永远比欢乐更高级。这是很有意味的。

不妨在此刻闭上眼，双手放在胸口，问问自己：我，真的要幸福吗？我，真的要轻松吗？问一问自己。

第四个修复伴侣关系危机的方法：重温相识之初的美好记忆。有破碎的地方就需要修补，关系也是如此。回到初心，初心不改，让爱重新有机会流动起来。有一对夫妻在关系出现危机时，做了一个让人很欣赏的举措：双双从忙碌的工作中抽身出来，度一个长长的假。和伴侣一起回到最初相识的地方，还走访了几个对他们具有重要意义的处所，悠悠的重温之旅唤醒心中的火焰，找回迷失的情意。他们再次确认了彼此在生命中的意义与位置。

在工作坊上做婚姻治疗，每每进入这个重温美好的环节时，往往都是很感人的，无论是当事人还是团体的其他参与者，都会又哭又笑。人生的意味如此深长，爱的历程如此五味杂陈，很多领悟不是可以用语言描述的。

留给大家的作业是回忆你和你的伴侣刚刚认识的时候，他是怎么追你的，或者你还记得的美好的事情。要具体地回忆起那些画面、颜色、声音、气味和感受。

五代词人顾敻的词《诉衷情》中最后一句是："换我心，为你心，始知相忆深。"是的，爱越多，恨越多，穿越彼此纠缠彼此伤害的表象，可否看到这个缘分，看到深处的眷恋呢？

静与善的修养 4　阎立本的杨枝观音像

小时候在普陀山的时候,到哪里,看见的都是观音娘娘的画像。记得我母亲还学着岛上渔民那样去拓像,用笔在那里涂涂画画,很快观音菩萨的像跃然而出。后来几次老家的亲戚过来岛上,他们在昏暗的灯下拓像,也很快有菩萨像显现出来。对五六岁的我来说,每一次目睹这样的过程既觉得非常神奇和庄严,又觉得很好玩。后来才知道在我们住的法雨寺旁边的杨枝禅院里,有块明代的石碑,碑上拓刻了唐代画家阎立本所绘的杨枝观音像。到现在四十年过去了,看过全世界那么多的观音菩萨像,最喜欢的还是这个版本的。

有一年12月在西安大雁塔旁边开疗愈工作坊,恰逢"一条"视频公司来拍摄。结束后请他们吃晚饭,吃饭的包厢里,满墙都是阎立本先生画的杨枝观音像,瞬间很惊诧。

这些故事包含着岁月的足迹,人们对慈悲和爱的渴念,即使越过了千山万水都没有停止。愿我们永远保有温暖和力量。

静静坐着,只是听四周的声音,不去具体分辨是什么声音,也不去抓取声音,只是放松了,自然会听到声音。注意力跑掉的话,再轻轻拉回听声音就好。

……

慢慢睁开眼睛,感受当下的新鲜,一切都是新的,过去的就让它过去,当下没有挂碍。请把这种随时静下来,随时更新的气魄带到我们生活工作各方面。

性的原始动力

最近接触到的比较多的婚姻治疗学员有两类：一类是伴侣出轨；一类是没有出轨，但关系冷淡疏离。其实我们静下来想想，伴侣关系真的有那么难吗？男女固然会因为差异性而起冲突，但也正是因为差异性，我们的生命丰富了，我们的孩子不正是这样才生下来的吗？一阴一阳谓之道。

我们的问题，很多时候不是因为对方不好，而是我们自己缺乏应对的能力，也就是说，你的心智能力可能配不上你要幸福亲密的欲望。

怎么破？接下来几篇我们会陆续提供沟通、吵架、包裹、目标这四个方面的破解方法，我把这称为回春法。枯掉的木头都可以回春，何况心里还渴望爱的人呢。

先来讲男女进入伴侣关系的第一原始动力，来打破关于男女关系的一些幻象和陈词滥调。只有面对深层的真相，所有的方法才能成其为方法，否则只是暂时吸引注意力的儿戏。

真相是什么？男人要找女人的重要深层动力是：生孩子——来继续他的生命，更是对家族这个系统的延续。女人找一个男人的重要深层动力是：保护生命，保护孩子和家庭。在原始社会，这点体现得特别明显。

也许你会说，根本感觉不到老公对你和家庭的保护和在乎，如果这是真的，那就是伴侣关系被削弱了，但亲子关系不会被削弱，它有血缘的联结。男女之间也许彼此都扭转了头，不想再看，但对孩子的保护和在乎是不会变的。

对待作为生命的延续的孩子，男人女人不管在伴侣关系中表现得多么差劲，他的内心还是，用民间的话说，很"护犊子"的。很多案例都验证了这一点。在上海工作坊上有个个案，男人骗婚，然后又抛弃了月子里的老婆孩子，再也没有出现过。14年后这个妈妈带着14岁的患抑郁症的女儿来我们工作坊，个案一做，发现父亲始终都记挂着女儿，妈妈一度情绪很激动。她非常恨孩子的父亲，在场上颤抖不止，她感觉自己的生活全毁在这个渣男的手里。但个案过程呈现出，即使父亲没有实际地照顾家庭和孩子，但他一直在用能量祝福女儿，这和父亲的人品、素养、个性没有关系，这是一份本能的爱。

生殖并保护生命延续下去的本能如此强大，以至于完全超越一般的心理场域，这份本能来自更高的层面，从这个意义上说，性，很多时候比爱更伟大。所以，这位一般会被定义为浪子、渣男的父亲，在无形层面保护着女儿。无形的保护也是保护，量子物理的发展也表明无形的世界影响着有形的世界。那个个案最后是圆满和解的。（案例处理方法请不要轻易模仿，具体问题还是要具体对待。）

所以，在生殖动力和本能的驱使下，男女就结为伴侣。男人和女人的爱在什么时候达到巅峰？按照伯特·海灵格的说法，是在他们的第一个孩子出生的时候。之后，男女间的爱的浓度就是逐渐衰减。而在动物界，甚至有母蝎子交配完后就立刻吃掉公蝎子的现象。情爱，在强大的延续生命的本能面前，就显得比较不重要。但同时，在繁衍了新生命后，有一种更深广的东西会在男女之爱的周围延展，给伴侣关系增添更多的联结和支持。

静与善的修养 5　爱，也要放掉

修养和生活，水乳交融，我们可以用文学来安放过往，给自己一个好的对待。下面这首诗，没有标题，但这些画面和感受已储存在我身心深处几十年了，是时候，用有意识的表达来释放了。愿我们的心温柔敦厚、清凉平和。

清晨的海风从东面而来，
吹过簌簌作响的松林；
黑黝黝的岩石上
还有涨潮时留下的赭痕。
童年时走过很多次的山间小径上，
有不曾错过的夏天。
流水潺潺，
葳蕤藤蔓……

当寺庙钟声响起，
鸟群和云霞遽然闪亮；
小女孩站在童年的阳光里，
无限，满足……

现在静下来,听声音,不去具体分辨是什么声音,也不去抓取声音,只是放松了,自然会听到声音。注意力跑掉的话,再轻轻拉回听声音就好。

……

大家慢慢睁开眼睛,感受当下的新鲜,一切都是新的。请把这种随时静下来,随时归零,随时更新的精神带到我们生活工作各方面。

打破对婚姻的幻想

男人有他们的问题和方法,但女人更有疗愈的潜力可挖。先撇开伴侣不说,亲爱的女人们,你能活出自己吗?

男女有了性关系,生了孩子,之后情爱的浓度下降是必然的,但同时又有一些更深广的东西会在伴侣关系里发展出来,反过来进一步支持伴侣关系。从家族系统的繁衍本能来说,孩子的诞生意味着婚姻最原始最重要的使命已经达成了。从这个角度看,其中一方如果还回家,还能拿出一些钱养家,还能和你过性生活,没找别的人,某种意义上这个关系就算是 80 分了。客观想想,可不就是这样吗?这就是打破幻象,如是地去看待男女关系。喝太多心灵鸡汤没好处,那只给了你更多幻象,让你觉着自己每天都在努力成长,但事实上可能哪里都去不了。

有次在北京工作坊，有个学员因为夫妻关系想上上不了，想下又下不来，卡在半死不活的状态来求助，在这个个案中，夫妻俩发生了一段有意思的对话：

女人：你是要和我过一辈子吗？

男人：对啊，我没想过别的，就想和你过下去。

女人脸上已经泛出了红晕，如天边一道彩霞飞上眉眼。系统排列的个案特点之一是直接、真实，而且在潜意识层面运作。

接着女人问男人：我付出那么多，你不仅不认可，还老说我这不是那不是。

男人用坦诚的目光看着委屈的妻子，直不愣登地来了一句：我就你一个，不说你说谁啊？

全场都笑，这就是男人的实诚，这也是婚姻的实诚。用花花草草的幻想和表面的恩怨来看待婚姻，看待你的另一半，这显然是不够的。

总之，世界有很多层面，伴侣关系也有更深的真相和力量，就看能不能去找到。对男人、女人的深层心理要了解，男女关系其实是充满创造力，非常有意思的！亲密度下降不可怕，关系冷漠也不可怕，还有众多的角度可以提升两个人的

联结,最关键的是:

第一,你自个儿热不热乎?你有没有能力保持生命热情甚至野蛮生长?

第二,你能不能放低对伴侣的要求。苛刻的人,大多现实能力配不上幻想的欲望。放低要求,80分就好的人生海阔天空。

第三,你能不能学会用成年人的思维思考问题,比如一个人有没有可能的确是爱你,但他也真的会伤害你。爱与伤害总是在一起的。这就是成年人而不是小孩的心智模式。面对多层面、复杂而丰盛的世界,快快成长吧,提升智慧是通向幸福唯一的道路。

请大家检查以上这三点。

兴许是职业习惯,我常会在街上,在饭店,或机场这些公共场合观察那些男女情侣,从他们的站位,手拉手走路的样子,能看出他们的关系是怎样的。但最主要的是看脸,分别看男人和女人的脸和眼神。

通常,女人的心理纠缠大过男人,这与女人的生理、心理特点有关系。那些美丽的脸上总有被情绪灼烧的阴影,那些眼睛里有渴望爱却又得不到的无力无助。总而言之,很多男人有他们的问题,但女人的无力和半死不活的状态更有疗愈的潜力可挖。先撇开伴侣不说,亲爱的女人们,你能活出自己吗?你能活出自己身上"女神"和"女神经"的部分吗?

现在请大家闭上眼睛,做个冥想,放松就好,慢慢做几个呼吸,然后在内在看到你和你的伴侣,轻轻问自己,这段关系就是我愿意为之遵守一辈子的契约吗?还是我不那么在乎呢?他有让我快乐的责任吗?那对等的,我有让他快乐的责任吗?我对我自己照顾得好不好?我做过什么让自己快乐的事?

慢慢地,睁开眼睛。成长和疗愈都是漫长的过程,低落的时候和懂你的人在一起,从互相鼓励的成长团队里获得力量。

静与善的修养 6　初秋野茶

最近晨起的时候,已能闻到空气中的干脆,秋意渐浓,山涧的水却还没有瘦下来,松风还温润,已是喝野茶的好时机了。所谓喝野茶,就是在山中找个有水的地方,煮水泡茶,在树下一坐坐半天。浙江这边,古来多风雅之士。我的故乡是余姚,余姚、绍兴、诸暨这一块尤其多名士,关于书画,关于诗词,关于园林,关于戏剧和爱情。余姚就出了严子陵、王阳明两位名人,绍兴有陆游和唐琬的故事,但我最喜欢的是雪夜访戴的故事,这个故事在我看来最能反映这一带的风雅,也解释了余姚和绍兴人骨子里那种旧派的矜持与聪慧。

雪夜访戴,出自《世说新语》,王羲之的儿子王子猷住在绍兴,一次夜里大雪,他从睡眠中醒来,喝了点酒,忽然决定去看望嵊州的朋友戴逵,即刻上船前往。绍兴和余姚的那种乌篷船,悠悠行在纵横交错的河道上,水汽氤氲,两岸如水墨画。那个味道真是好,我一直都记得。鲁迅《看社戏》一文也有描绘那个味道。经过一夜,终于到了戴家门口,他却折返了。因为乘兴而来,兴尽而归,看不看到人没关系。很有个性,好玩得很。所以,这是我故乡这一带的文化风貌。

喝野茶的风雅习俗,也正是从这个文化一脉相承下来的。

接下来我们可以练习听声音,注意力跑掉就拉回来。

……

慢慢睁开眼睛,感受当下的新鲜,一切都是新的。请把这种随时静下来,随时归零,随时更新的精神带到我们生活工作各方面。

伴侣关系回春法之沟通(一)

我们一起先放松下,做个练习:请露出一个微笑,来,嘴角再往上一点,弧度再大一点,对。我们把这个俗称为拉神经,比拉皮管用多了。遇到难过的事,难熬的事,身心很疲倦的时候,可以用这个救急的方法,把它当作药来吃。微笑可以放松全身肌肉和神经,可以瞬间提升能量,扭转气场。有位做服装生意的女士,她笑起来特别好看,有时候一家店一天能做出6位数的业绩。好事、好运,都会青睐会笑的人。

关于如何进行有效沟通,悠活"如何爱"课程总结了三点:说事实,说感受,说希望。我们的学员把这三点称为"沟通三宝"。

沟通第一步:说事实。要分清楚你是在说事实,还是在带着情绪指责。比如老公晚上12点到家,你会怎么表达,怎么沟通？如果你说，为什么总是这么晚回来？这里"总是"两个字一定让老公不服气，他觉得他前天、昨天都准时回家吃晚饭，哪有总是晚回来。说事实就要说：你今天晚上12点才回到家。这个事实，不会引起对方不满的情绪。"总是""老是""一直""永远"，这些词汇在描述不好的情况时总包含指责，指责会引发防御和争吵，而不是沟通。如果你平时喜欢说这些词，要注意了。

要去觉知自己说话时有没有情绪在里面，记住，理性客观，才能进行有效的沟通。有情绪的时候，就不要急着去抓伴侣沟通，先处理情绪。否则，就是自杀式的沟通。怎么处理情绪？很简单，情绪没那么激烈的时候，用静定对治，静下来就好，如果情绪比较激烈，那就要专门方法对治。

沟通第二步：说感受。这里也需要分清楚，你是在说自己的感受，还是依然在带着情绪指责对方。依然用先生晚回家的例子。比如，太太说："你根本不把这个家当作家。"这是指责，不是说感受。再比如："我觉得指望不了你！"这个是想法，不是感受，依然包含着对先生的指责。还有，"我觉得被你忽略、冷落！"这个是感受吗？依然不是。被忽略，被冷落，这样的词语更多的是揭示我们对他人的看法，而不是我们的感受。这些说法暗示别人要为你的负面感受负责，所以是个陷阱。只要有指责，对方往往会防御，就无法沟通。因为沟通的出发点不是为了打倒对方,而是解决问题。

去观察,生活中人们貌似在表达感受,用"我感觉""我觉得""我感到"这些词语,但表达的可能还不是真正的感受,比如:"我觉得你应该做得更好。""我感到自己没有被公平地对待,我觉得他们不诚实。"这些都不是感受,都是你的看法和评判,会引起对方的敌意和防御。太太怎样说才是说感受呢?"你今天晚上12点才回到家,我感到担心,也感到孤独。"这才是说感受和事实。这样说话,有依据也有感情,和自己内在状态有真实的联结,也不容易引起对方的反感。

生命和生命因沟通而美丽、强壮。这一课作业是练习说事实,说感受。需要分清什么是真正的感受。可参阅马歇尔·卢森堡所著《非暴力沟通》一书。希望我们可以学会好好说话。

静与善的修养 7　烟火

和友人伉俪驱车进山,一路向西南的方向,渐渐树荫浓厚,水声潺潺,又七转八折,爬坡到一处无名地带,找到那棵歪脖子老松,树下有一块平整的大石,恰好可以坐几个人。

铺开茶席和杯盏,发现忘了带烧火的气罐,那也不打紧,四处都是散落的枯叶和枝条,闺蜜的先生熟练地㧉起石头,点了火,把水壶直接放上头,很快水就开了。树枝烧出来的水,味道有细微的不同,据说那个火是阳火,而用气烧出来的火,是阴火。看来,万事都不离阴阳。喝的是余姚当地的绿茶,浙东这边的绿茶真是好喝,杯子是青釉的,越发衬得茶水发绿,四周也是翠竹青松藤萝的绿。溪水就在手边,随手取了,再烧,喝完把茶杯咣一下就放水底下,让流水冲洗,也不再去管。

和朋友聊完,把杯子从水底捞起来抖抖干,收好,发现烧火的烟气还好看,朋友拿出相机拍照,有不食人间烟火的味道。而那烟火,那人,正在人间。

接下来我们可以练习听声音,注意力跑掉就拉回来。

……

慢慢睁开眼睛,感受当下的新鲜,一切都是新的。请把这种随时静下来,随时归零,随时更新的气魄带到我们生活工作各方面。

伴侣关系回春法之沟通（二）

语言就像渡水的船，载着我们去与其他一些生命产生交集，然后一起抵达共同的彼岸。所以，学会使用恰当的语言进行对话很重要。很多人在沟通时只是说话，而不是对话。说话和对话不一样，说话只是在说自己，脱不开自己的看法和模式，也就没有能力看到对方。

一位太太和先生两地分居，独自照顾孩子很辛苦，对丈夫就有很多抱怨。某天丈夫刚回来，她就开始抱怨，一直说啊说。她没有意识到，丈夫已经几次抛出求和和认错的橄榄枝，而是沉浸在自己的情绪中："你晓得我的心情，一个人半夜带女儿上医院，你在哪里？你在哪里呢？"先生终于忍受不了，生气地说："我在赚钱养你们啊。"然后转身走了。带着情绪说话只会变成自说自话，不可能有对话。

但也不要灰心，伴侣关系的修行并不容易，能修通的人简直就是人间圆满。因为伴侣关系不仅意味着你和伴侣在万里长征路上的相遇，而且也是你和伴侣背后两大家族系统的大会师，如果连远古的祖先都算上，那得多少人！这需要多大的能量！

我们一起做个冥想，闭上眼睛，慢慢看到你的伴侣站在你对面，慢慢地，视线超越他，看到他背后很多很多的人：他的父母，父母的父母，如此类推，一代又一代的家族成员，看一会儿，再慢慢把视线放到他的身上……现在感觉怎么样？去觉察此刻他有什么不一样？你伴侣的家族系统构成他的一部分命运背景，塑造了他的生命，恨也罢，爱也罢。我们自己，又何尝不是如此？有没有对他人、对自己升起多一点的理解？理解就是慈悲。

伴侣关系要从冷淡和疏离中恢复活力，要枯木回春，离不开一个更大的系统的视野，更大的智慧格局。沟通成功的前提，就是要这样更全面去看到对方，而不是固守自己的立场和模式。

最后讲沟通的第三步：说希望。依然以先生晚回家的例子来讲。说话的时候，不要讲反话、负面的话，而是直接说事实、感受后，说希望，这样一气呵成，比如"我希望你不要这么晚回来"。这样讲好不好？比之前好很多，但不是最好。不要这么晚回来,其实依然是在指责呀。小我很狡猾,情绪很泛滥。

所以,直接告诉对方你要什么吧。连起来讲就是:"你今天晚上12点才回来,我感到担心,也感到孤独,真的好希望你可以早点回家。"

你这样三部曲表达了自己,至于人家能不能按照你说的做呢?不一定。他不一定能早回来。你得允许对方可以不按照你希望的做。因为沟通的底线,不是一定要达成你的想法,而是你可以自由地表达自己。

去试试吧,一个人能够做到这样表达自己,会很有力量,并且喜悦。当你能这样说话,对方答应你的概率其实还是会大大增加。至少,你们可以一来一往,最好商量出一个中间地带,互相满意。这已是很好的沟通了。

静与善的修养 8　倍感压力时,记得打捞自己

面临压力和低落时把自己打捞出来的方法,我们称为小事打捞法。顾名思义,就是要做一些力所能及的小事,再小都可以,只要是你想动一动的,愿意做一做的,那就是有意义的。全球管理学大师杰克·韦尔奇讲过一个故事,有个濒临破产的企业家来请教他怎么办,他什么也没说,就问对方能否每天列好要做的任何 7 件事,然后把它们都完成。对方回去后照做,很快企业就重现生机。

好消息是,你甚至都不需要像那位要破产的企业家一样每天做 7 件事,只是去做一些很小的事,就能打捞出自己。吃东西,看电影,睡觉,购物,连这样的事可能都显得太大。那更好的消息是什么呢?是还可以再小一些,随手把两本书叠起来,把空饮料瓶扔进垃圾桶,顺手给花草浇点水,看看窗外白云,等等。

现在静下来,听声音,不去具体分辨是什么声音,也不去抓取声音,只是放松了,自然会听到声音。注意力跑掉的话,再轻轻拉回听声音就好。或者你更喜欢观呼吸,那注意不要控制呼吸,要自然呼吸。

……

慢慢睁开眼睛,一切都是新的。请把这种随时静下来,

随时归零、更新的习惯和友善的态度带到生活工作各方面。

亲爱的朋友们,有压力时要把自我要求放到很低,最低,这就是俗话说的"接纳自己的孬样"。

伴侣关系回春法之吵架

吵架的学问很大，吵架吵得好，正好能抓住双方真情流露的时机，并把它变成彼此了解和增进感情的机会，让双方越来越相知相爱。若不懂得吵架，伴侣关系就会逐渐演变成"相见如冰"。冷战，往往是比热吵更需要花功夫治疗的伴侣关系状态。所以在伴侣关系治疗过程中，我们有时会建议我们的学员，不要害怕冲突，尝试带着勇气和真实的渴望，和伴侣做一些面对面的沟通，甚至可以吵一架。我们把它称为"用钩子钩出爱"，我们也常说，恨出来，爱才能出来。所以现在有三个问题大家可以自问：第一，能不能吵？第二，敢不敢吵？第三，怎么吵？

在具体展开这三个问题前，先讲个我在亲子互动过程中的插曲。有一天发现儿子放学回来有情绪，哼哼哈哈，用理

伴侣关系

解和接纳陪伴了一会儿,他依然很难受,就主动用钩子去钩他——"难受就哭出来吧,你这样我也难受。"故意没好气地说,还轻轻打了下他的背。他立刻就气愤地哭起来,嘴里说着"讨厌",手臂挥打空气,还躺在地上滚来滚去,不时喊着"不要上学"。我默默地看着他尽情释放压力,发泄情绪。不到十分钟他就好了,擦干眼泪自己写作业去了。孩子的灵气天真,对情绪的不执着,真是令人赞叹。大人应该向孩子学习。情绪是个空的东西,像天空的乌云,会来也会走,不必太当真。所以有时可以认真地去主动引爆情绪,不管是自己的,还是伴侣的,把情绪释放出来,然后吵完拉倒。

看到一对夫妻在路边你一句我一句地对骂,然后老公突然说了句:停,儿子来了。他们的儿子果然远远地晃过来了,夫妻迎上去,然后一家三口开开心心地走了。不由在心里给他们点一个大大的赞!拿得起,放得下啊!美国有婚姻调查发现,快乐的夫妻跟离婚的夫妻,吵架的次数平均起来其实差不多,连吵架的内容也都是一样的:为价值观、金钱、子女教养、家务,为双方原生家庭的姻亲,也为性、朋友、娱乐方式。所以,现在我们可以回答第一个问题,能不能吵架,答案:能!

约翰·戈特曼博士做调查发现,即使非常幸福的夫妻,他们的婚姻中也还有69%的问题是无解的,只是他们没有让这些问题成为关系杀手,而是懂得与之和平共处,甚至把问题变成关系的调味剂。说到调味剂,比如有对夫妻也吵,有时丈夫还会摔门而出,然后妻子打一个电话,就说三个字:"回来喽。"丈夫分分钟就会出现。有一次,大家都痛不欲生地说完一大堆后,妻子绕过丈夫,静静泡两杯茶,把一杯给丈夫,他接过饮一口说:"好喝,谢谢哦。"所以对于第二个问题,敢不敢吵,第三个问题,怎么吵,大家现在是否有些灵感小火花?

以下是伴侣关系回春法之吵架所要注意的:

一、树立冲突是不可避免的观念。任何关系,尤其伴侣关系,某些时候需要在冲突中发展和融合,对关系的认知是越辩越明的。

二、吵架时更多正向表达自己,比如握紧拳头、跺着脚,大声地对伴侣叫喊:我要你的爱!我要你关心我!这样的正向态度,就算夸张,都吵不坏。这点可重温上几篇的沟通法三要点。

三、吵架时,要清楚自己的底线和对方的底线。比如对方的底线可能是你不能用粗话骂他的妈妈,否则他可能会动手。你自己的底线,也尽量不要诱导他来破。很多时候,对方的反应其实是自己诱导出来的。

四、吵架时,情绪上多表达,行为上需克制。比如用四肢对着空气表达情绪的激烈，对着空气捏拳头、挥动手、踢脚，这样比较安全，少用语言和动作攻击对方。记住，吵架的底线是：不可伤害自己和对方的人身，也尽量别摔东西，尤其是自己和对方心爱的东西。

这个方法帮到了一些学员，有几位男学员的力量明显表露出来了，像个真正的男人了。包括我们家保洁阿姨，她告诉我，她学会跟老公吵了，特别有效果，老公能够看到她了，也比以前更懂得如何满足她的需要。

老话说："夫妻床头打架床尾和。"真是智慧。男女间能用一个拥抱解决的问题，就不要再费口舌争对错，伴侣关系的权力斗争里没有赢家。

大家不要害怕冲突，从自己的"乌龟壳子"也就是限制性信念或所谓安全区里钻出来，赤裸裸地，真诚地表达自己，面对伴侣。冷淡的关系伤不伤人呢，这样活一辈子遗不遗憾呢？在最短时间里把架吵好，把关系吵热，未尝不是一种选择。

静与善的修养 9　一定要奖励

锦上添花不稀奇，稀奇的是雪中送炭。有个打捞自己的方法是雪中送炭，即在低落的时候，给自己"奖励"！

还记不记得小时候考到 100 分才能吃一根冰棍，等到大了，工作业绩翻倍了才能去马尔代夫晒一周的太阳？其实，当我们心情低落的时候，可以立刻奖励自己一根冰棍，或者找一个有太阳的露台喝一杯。因为你值得一根冰棍，因为你有能力在有太阳的地方喝一杯。有时候，我会把散个步或买袋水果都看成对自己的奖励。生活处处是嘉许和恩典啊。

儿子心情不好，学习压力大的时候，我会经常奖励他。他问为什么？我说，为了你可以和妈妈分享你的坏心情，能说出压力大。他的脸色慢慢由阴转晴。再然后，他会想出三个以上办法来解决问题。这时候，我就更要奖励他了。

现在静下来，听声音，不去具体分辨是什么声音，也不去抓取声音，只是放松了，自然会听到声音。注意力跑掉的话，再轻轻拉回听声音就好。或者你更喜欢观呼吸，那注意不要控制呼吸，要自然呼吸。

……

慢慢睁开眼睛，一切都是新的。请把这种随时静下来，随时归零、更新的习惯和友善的态度带到生活工作各方面。我们有资格善待自己和他人。

伴侣关系回春法之包裹

在心理治疗中有一种技术叫"搁置",意思是假设当事人纠结的问题已经不成为问题的话,那他又会怎样呢?我们在系统排列从业过程中,会时常用到这个技术。很多时候,并不是有预设地去用,而是它本来就是这个样子。

伴侣关系有问题时,如何运用搁置的方法让它顺利化解,甚至让关系得到更新和升华?举个例子:一位当事人来到我们在武夷山的工作坊,其原因是她老公很不快乐,以及她弟弟多年来无法生育。从她来到工作坊的起因,我们会发现,在她的头脑中,问题都在别人身上,而她自己有一种想拯救家人的强烈欲望。用排列的术语来说,她有着对家族的忠诚和盲目的爱。当时她很激动地站起来说这些议题的时候,我只安静地看了她一会儿,然后反问她:"你自己快不快乐呢?"

如果没有这些让她揪心、挂心、担心的问题,她又会怎样?之后的个案展示的是她自己的问题,抱持一份错位的爱,深陷系统的牵连与纠葛。所以,没有那些向外投射和向旁转移,没有熟悉的借口,我们和我们的问题又会怎样呢?

在伴侣关系中,与对方关系变冷淡或出现冲突,也不妨使用下"搁置"技术。我们称之为"包裹",是多了层柔和的光,用这层若有若无的光,把和伴侣的问题先包裹起来,放到一边,不理它,然后你自己会怎样?没有了这些烦人的问题,然后,你打算做什么呢?

这会是一个非常好的检验。一些本质的东西就会从你的内在浮现出来。也许你会吃惊,也许不会,因为那些有关我们自己生命的真相,其实我们一直是知道的。但我们害怕、讨厌,一直假装它们不存在,假装我们这么惨都是因为别人,比如父母、伴侣、亲友,是他们引起了我们的问题,他们应该为我们糟糕的感受负责。

用包裹的方法把伴侣关系中的问题先搁置到一边后,我见过一位朋友突破家庭主妇的既定生活,去参加一些活动和聚会,与一些朋友交往,做起了兼职销售,和伴侣、孩子的互动也变得自信从容。原先她会和我哭诉的一些伴侣间的问题,经过她对自我那部分的开拓和提升后,已经很大程度上改善了。而每个月她自己的收入也足够让她独立而自信。

一位女士为改善痛苦的伴侣关系来上课,她已经上了我们三次课,目前依然在那段婚姻里,婚姻里的问题比最糟糕时缓解了,但依然还有,可她自己却在一天天迅速地强大起来,蜕变的速度令人吃惊,画画、写作、旅游,每天静定和行善,会开玩笑了,会支持和鼓励同学了。在这里,她也用到了包裹的疗愈方法,把伴侣间的问题搁置在一边,专注地义无反顾地对自己下功夫。无论婚姻最终是存续或终结,看来她已找到了自己的力量,足以走下去。

前面讲的也许显得严肃,这里还有一些关于包裹的小技巧,是比较元气少女感,或者说比较顽皮的。比如和伴侣冷战,或热吵时,自己拖个皮箱找个好玩的地方放飞心情去。最好还有一两个闺蜜,可以和你一起玩,一起骂,一起笑。脑科学研究发现,女人的大脑比男人多出某种蛋白质,使她们一天需要讲 2 万个词汇,相比之下男人才需要讲 7000 个。男女在生理、心理方面的确有大不同。

包裹法,其实给伴侣关系的双方营造出足够的空间,让问题朝向解决之道移动。保持距离是为了看清楚,反省自己,把自己搞明白,是为了给对方一个理解,记住不要揪着伴侣不放,只盯着问题很多时候会走进死胡同。就像一开始讲的例子,当事人常带着预设的问题走进课堂,而那个问题通常是错误的问题。当我们找到真正的问题,答案就会随之浮现。

怎么找到真正的问题呢?静下来,诚实面对自己。再找不到,就需要做专业疗愈。记得学者翟卫平说过一句话,把句式搬过来,内容换一下就是:你所站立的地方,正是你的关系,你怎样,关系便怎样。

静与善的修养 10　积极乐观

在静定方面我们也得到一些反馈，比如一位企业家学生讲，她现在碰到问题就会静下来，然后就能得到答案。还有一位在学校做老师的学生，不仅自己养成静定习惯，还会在上课前让学生们闭目静下来两分钟，同时这位老师更能看清楚孩子们的身心状况，从而适时给出关爱和帮助。静心有很实际的效果。

如果方法正确，静定是有很多实际的益处的。

我的老师曾提到，在用静定和行善修养自己的人，不妨实际地检查自己：一、烦恼有没有少一些、薄一些？二、记忆力有没有好些？三、家庭关系和其他人际关系有没有好些？四、睡眠是不是不用很多，但精神却是好的？五、身体是不是也好一些？

……

慢慢睁开眼睛，感受当下的新鲜，一切都是新的。请把这种随时静下来，随时归零、更新的气魄带到我们生活工作各方面。

伴侣关系回春法之目标

一个男人和一个女人结合在一起,组成家庭,手拉手行走在人生路上,应是世间最美的风景。这个结合意味着一个承诺,不管阳光或风雨,贫穷或富裕,健康或疾病,好或坏,都将共同面对,彼此支持。

以前在美国电影里看到婚礼的镜头时,总有一段誓词,大意是这样:伴侣彼此属于对方,也把对方的家族接受为自己的。这一点上与家庭系统排列的归属和整体法则如出一辙。婚礼上的语言和仪式,显示了男女亲密关系的契约性质,好比是签下生活中最重要的合同,而如何履行好这个合同是毕生的功课。

目标在伴侣关系中有多重要,不妨用我们在治疗中遇到的一个例子来说明:一对夫妻因先生多次出轨来求助,一段时间后,他们的关系成功地得到弥合和升华。这当中,有很多因素都起了作用,他们之间的感情和依恋还在是前提,创伤疗愈、序位调整、动力的解除等等专业治疗后,就需要一个光明的未来,光明到双方可以超越过往的伤痛与怨恨,充满信心地走下去。这个光明的未来里,一定有个具体的目标。以目标作为能量的统领,以目标作为前行的抓手,才不会迷失。这对夫妻现在在一个共同的目标下携手前行,一步一个脚印,虽然前方依然有新的未知,后面依然会有旧的粘连,当下也会有反复,但只要有足够好的目标,他们就有机会抵达。

很现实的一点是,那些把我们关系搞砸的性的能量、破坏力、不好的动力等等,都需要重新找到一个正向的出口。好好做事,一起做有意义的事,就能把这些动力有效转化了。否则那股力窜来窜去,还是会出麻烦。

王阳明先生在《教条示龙场诸生》一文中讲:"志不立,天下无可成之事。"我很赞同。这话的意思是没有立下志向与目标,天下就没有可以做得成的事情。这当然也包括维系好伴侣关系。伴侣关系出现危机时,需要检查初心还在不在,开始时签下的契约与合同有没有被撕毁,如果继续走下去,那伴侣间又需要达成什么样够强的目标。

这个目标可以是以下几种:

一、家庭的目标,比如和谐幸福的共同人生。

二、事业的目标,比如共同经营的一家企业,一门生意。

三、社会的目标,比如共同投身于环保、教育、法律、人文事业等等。

四、慈善的目标,比如共同加入传播爱的各类公益组织。

五、艺术的目标,比如共同投入文学、音乐、绘画、旅行摄影等艺术活动。

我们观察到,一个共同的家庭目标会让关系稳定,同时结合当下人们对心灵成长的普遍需求,又会让一些伴侣去拥有共同的能实现人生价值的目标。比如有一对重组婚姻的夫妻,他们目前就在共同从事身心灵的工作,传播素食和瑜伽的生活方式。

还有一对没有孩子的夫妻,因为少了孩子这个强有力的纽带,在关系出现疏离时,为改善关系树立了一个够好的目标,那就是一起把爱给予需要帮助的孩子。他们开设公益的亲子课程,定期探访福利院,还经常为山区的孩子发起捐款。

西方 位哲人说,人类的活动如果没有理想的鼓舞,就会变得空虚而渺小,诚然如此。现在的生活,大多数人在物质上都不再匮乏,匮乏的是心灵,是爱。所以,修复一段伴侣关系,如果能找到一个与爱有关的人生共同目标,那就比较牢靠了。

　　这一课的作业是,请思考你和伴侣的共同目标。如果这个有困难,那起码厘清你自己的人生目标。在你的未来中,存在些什么呢?

静与善的修养 11　　桂

在一个阴雨蒙蒙的清晨，孩子还在甜睡，锅里的粥散发出阵阵清香，还有咕嘟咕嘟的轻微的水泡翻滚声。宽敞的厨房，宽敞的客厅，落地玻璃外，因为下了一夜雨而显得饱满的江水，江的两岸是色彩斑斓的栾树、枫树、樟树，还有其他叫不出名的植物。一艘大驳壳船装满了沙子，沉着冷静地向东开去。看着它经过了琴桥，几乎擦到桥的拱洞。不管经历了怎样的夜晚，醒来的清晨，四周总是有一种被温柔更新了的色彩，和重新充满活力，生机勃勃的氛围。我决定打破一年多来从没打破过的常规，不是首先去静坐，而是直接穿鞋，走下楼，打伞，穿过交通灯，走到江边。没有刻意修静定，但一切都在静定当中。各种声音清清楚楚，各种色彩和形状也清楚，对了，还有那淅淅沥沥的雨丝，那飘香的金桂，浓郁得热烈得仿佛要请你全身毛孔都吃一顿秋日的香味美餐。

依旧听声音，也可以觉知花的香气，如果你身边有花。

……

慢慢睁开眼睛，一切都是新的。请把这种随时静下来，随时归零、更新的气魄带到我们生活工作各方面。多多留意细微处的美好，时时处处的能量流动。

前任的隐形影响

谁没有个前任呢？就像回头就有来时路，就像现在的得到来自曾经的放弃。林徽因写下过这样的句子："记忆的梗上，谁不有，两三朵娉婷，披着情绪的花，无名的展开。"为什么讲前任对现在关系的影响也许远超你以为的呢？

首先，前任的界定范围比一般人认为的要广。从系统排列的序位角度看，你和你伴侣在之前各自遇到的那些亲密关系的对象都是前任，他们的序位是排在前面的。比如你的上一任先生或男友就是排在你先生前面的，而你先生的前妻或前女友就是排在你前面的。

那除此之外还有没有呢？在现在社会环境里，另一类的隐形前任越来越多，比如一夜情的对象，出轨的对象，甚至花钱买春遇到的性工作者。他们对牵涉其中的当事人现在的伴侣关系都会有影响，相对于上面讲的有形的序位，这种无形的影响则构成了系统动力，看不到，摸不着，但确实在运作，甚至因为被遗忘被掩盖被排斥，故而破坏力更强。

其次，前任在关系中遭遇到的，你也会遭遇到。前任和我们相爱、相守，然后又分离了，我们现在在关系里也是相爱、相守，然后时不时也会有分离的冲动，或者说压力。这些剧情的发生、发展、结局三段式，其实有同一个模式。

尼采说，熟悉即习惯，而习惯了的东西正是最难认识的。在我们的工作坊上实际展示出来的一些真相，也往往让当事人大跌眼镜，正所谓，最熟悉的就成为问题，因为几乎无法觉察。

很多人身上都会存在两种伴侣关系的影响，一是你伴侣的前任对你的影响，二是你的前任对你的影响。第一种情况，现在教大家来排列一下，找几个杯子或水果或其他任何东西。其中两个物件需要并排放，一个代表你现在的伴侣，一个代表他的伴侣位置。在他的伴侣位置上第一个要放的是他处过的第一个对象，这个以性关系的发生为标准。然后代表伴侣的那个物件一直都不去动，旁边代表他第一个对象的物件拿掉，因为已是前任了，接着放第二个前任，去感受第二个前任在这个位置上有没有承接第一个前任的情绪感受，然后再依次放下一个，最后把代表你自己的物件放到那个伴侣位置。这样你就知道前面有多少前任,你就可以感受自己有没有去承接那些前任的能量。

举个例子,老公有过不止两个发生过性关系的前任,妻子能感受到自己承接了一些什么吗?说到这里,也许就能明白,关系越到后面,有些系统的压力就会越积越多,逼迫人不得不去面对,去突破和改变。自己的前任对自己现在伴侣关系的影响也是如此。

记得有个案例,一位太太刚生了孩子,和先生的关系却一直在崩溃的边缘,她自认为很努力了,也上了很多心理心灵课,后来做了个案,发现先生对他死去的前妻,也就是案主的前任一直情深意切,无法忘怀,有要追随她离去的想法。我引导这位太太去尊重和感恩死去的前任,因为正是先生前妻的离开,才空出了位置,才有了她的进入和这段婚姻,尊重和感恩的心情才能帮助她先生真正做出告别。任何愤怒、悲伤或不舍得,其实是没有真正看到丈夫的前任,也没有接受前任的付出。个案咨询结束后,这位太太反馈长期求医治不好的颈椎病好了,当天晚上和先生很融洽。

总结下来,一个个前任,包括现任,在伴侣那里都是投射,根本上反映的是这个男人与他母亲,或这个女人与她父亲的原始关系模式。除了做伴侣关系治疗,最终就还得回到原始家庭去调整关系原型。

第二种情况,你的前任对你又有什么影响。这里涉及事实法则和尊重的态度。无论发生过什么,都是不可改变的事实,尊重的态度带来力量和转机。整个事件会因为用不同态度去解读,而得到更新和升华。

其他议题,比如你伴侣有个上一段关系留下来的孩子,或者你也有,那又怎么处理?在序位上,这样的孩子比你早进入系统,所以序位优先程度比你高,不能吃这个孩子的醋,否则关系不会好,因为系统不支持你吃醋。而这样的孩子又往往终身携带你的前任的信息,所以,和谐共处更是学问了。

没有尊重,前任就依然还梗在你们关系里;有了智慧的洞见和态度,前任就成为祝福。

静与善的修养 12　不管你归不归，它一直是个零

有位朋友在朋友圈讲，她刚刚又归零，重启了。归零是个重要能力，如果这个"零"会让我们失去什么，失去的只是不再需要的，不再合适的和不再匹配的，这些东西像锁链一样阻碍我们走出旧的套子，走向新的地方，欣赏不一样的天地。

这里有一个问题给到大家，请问，你有没有感受到生活分分钟都在归零，你所经历的一切都在随时流逝呢？

有的人以为某些熟悉的感受，或者模式一直都在，自己的生活就没有改变，这是错误的认知。上一刻的感受已经流逝，不可得，此刻以为还在，其实，是你自己又升起了一个感受，而这个感受是同样的，重复的，老一套的。所以你认为，它一直都在。其实，我们一直是以某种熟悉的痛苦和烦恼来喂食自己的，自作自受一点不假。

接下去还是听声音，注意力如果跑掉了就轻轻拉回来。

……

慢慢睁开眼睛，感受当下的新鲜，一切都是新的。请把这种随时静下来，随时归零，随时更新的气魄带到我们生活工作各方面。检查自己是不是一直在重复抓取老的信念和感受，问问自己能不能放掉一些成见，用当下新鲜的态度来看待自己和别人。

二见钟情

我们对亲密之爱都寄予了很大的期望,因为这种爱触碰我们灵魂深处。同时,每一个人又都有自己的局限和来自原生家庭的牵连与纠葛,无法全然满足另一半的期待,也难免会有冲突。

如果说一见钟情是指理想化的异性形象在遇到的某一个人身上得到了某种表象上的实现,这样一种激情之爱混合着浪漫的想象、性的吸引、对理想爱的渴望,是浅层的吸引,那么"二见钟情"就是检验一段关系有没有长久的发展性和亲密性。

家庭系统排列创始人海灵格先生提出了这个二见钟情的概念,他认为,一见钟情往往是盲目的,而且一厢情愿地以重复模式发展,是一种苛刻的爱,无法被作为礼物接收。而二见钟情,或许是以失望开始的,因为不得不面对一个现实,那就是伴侣在有些地方也许永远无法满足你,他能给到你的是有限度的。

承认这个有限,事实上会得到力量,因为你已经改用一个冷静而宽容的视角看待伴侣和这段关系了。而不是关系刚开始时那种孩童式的全能自恋的幻想,仿佛爱可以解决一切问题,仿佛对方有能力也有义务满足你所有对爱的渴望。这是一个带着痛的领悟。

比如你在生活中受了伤,小时候可以回家找父母哭诉,现在找先生或太太讲,他们也会安慰,但也许很多时候不是安慰,而是责怪你怎么这么不小心,或者干脆冷漠无感。因为他们也深陷于无力感中,当然给不出你要的关爱。只有看清这一点,你才会把对父母的期待,从伴侣身上挪开。伴侣也只是普通人,很多事谁都帮不了谁,你的心结只能自己打开。

二见钟情,就是建立在这种清晰的界限感上,你和伴侣能为对方做什么,又能做到什么程度,不能做什么。在不假装的情况下去观察清楚,然后确认。

这个过程不会很容易,往往会激发不适感,充满挑战,所有不曾面对过的你都不得不去面对,伴侣关系就是把我们藏在地下室里不想看的东西强行放到我们眼前,实在很难的时候，也许就会选择分手了。

我的一个闺蜜和我倾诉，她身体出现状况，出差旅途上又种种不顺，而告诉老公时，老公只是发了一个问号。再诉说，老公回她一句"鸡汤"：人生，永远不知道，下一分钟。她不死心，依旧想要老公的安抚，便说了旅途的种种倒霉。结果老公发了四个字：中头彩了。终于她闭嘴，死了这个心，自己受着，反而心定下来了，麻烦也都安然度过了。最后反倒因为她自己对困难的接纳和冷静，老公第二天主动爆发了感情，不仅说他很心疼她，而且还买了花和礼物，开车来接她回家。

闺蜜学到的也许就是独立性和坚强、谦卑的态度，而她也明白了她老公能给予的一个限度。老公一是工作压力大，二是内在创伤严重，非常惧怕和反感被女人指责，所以看到太太出现状况的第一反应不是安慰，而是用冷漠隔离情感。而在看到太太接纳了一切不好的状况后，他感觉到了放松，然后爱就出来了。这就是他们关系中的一个界限。男人实在给不出的时候，女人就得回过头来自己给自己。反之亦然，男人也要学习情感上的自立自强，脱离内在对母亲原始的依赖和拯救欲。

男女都是带着原生家庭的模式进入伴侣关系的，而建设好当下的家庭，必须要在序位上把当下家庭放到第一位，并在心理上割断与原生家庭的粘连,每个人都会有愧疚和罪恶感,还有恐惧和悲伤,这就是成长的代价。有时,成长是带着愧疚、恐惧和孤独前行。

男女的关系不是出于血缘,是出于选择,而关系的本质是变化,故而男女关系充满了变化和挑战。但只要我们可以调整好,何止二见钟情,还会有三见钟情,四见钟情,一次次失望,一次次重新爱上,就如跳双人舞,在反抗与臣服之间,在前进与后退之间,在坚持自我和为对方让步之间,交替变幻。

伴侣关系,是我们和我的同时存在,意思是既要水乳交融,完全把自己交付出去形成牢固的联结,又要保持界限,保有自我的独立性。就像我欣赏的人本主义哲学家和精神分析心理学家艾里希·弗洛姆讲的,要分清"是爱,还是共生性依恋,或者是一种放大的自我主义"。

静与善的修养 13 　像蛇钻进了竹筒

有位修行者曾经讲：修行就像蛇钻进竹筒，不能回头，无论多痛。要么死，要么生。

这条蛇，代表了我们一路向前，勇断轮回的决心。这样做事实上是非常困难的，并且难免感受孤独、恐惧和痛。

但一位朋友讲得好，力量就从觉知中获得，就先练习保持觉知吧。

在安静中保持觉知。静定不是什么都不知道，而是清楚地知道自己有没有念头，能不能心系一缘把注意力持续地放在比如声音或呼吸上。接下来继续听声音，或观呼吸吧，观呼吸时不要去控制呼吸，需自然呼吸。

……

慢慢睁开眼睛，一切都是新的。请把这种随时静下来，随时归零，随时更新的气魄带到生活工作各方面。可以慢慢来，但方向要清楚。

第二章
亲子关系

仅有爱是不够的

从家庭系统的角度来看,孩子身处系统的最末梢,也就是说,在序位上他是最弱的。假如此刻你在眼前看到一张立体的家族族谱,上面是一代代的前辈和祖先,那最下面就是孩子。如果说我们下面还有孩子作为系统的支点,那孩子下面就什么都没有了,除非他长大了生孩子,也把一些他喜欢的和不喜欢的,所谓好的坏的再传下去。

家庭系统排列中有个专业术语,叫"代际传递"。一代又一代,从某个层面看,系统就是这样运作的。不讲私情,不会顾及个人的愿望和感受,有点像《道德经》里讲的"大地不仁,以万物为刍狗"。

家庭系统排列创始人海灵格从家庭和系统的长久临床研究和实证中提出"爱的序位"法则,并指出和谐的家庭往往是遵循了层阶，序位的法则。这个类似于中国儒家一直以来讲的"夫妇有别，父子有亲，长幼有序"。而痛苦、不幸的家庭表现的形式各有不同，但从序位上去看，一定都是错乱的，比如缺位、错位、补位、越位。父母不在自己的位置上，这是缺位；父亲影响力比较弱，母亲不仅需要站在母亲的位置，还需去补父亲的位置，这样就是错位；而父母之间关系的疏离和冷淡，就会让孩子越位，站到本属于父母的位置，承担起他们的责任。

比如有母亲夸耀他那上大学的儿子有什么话都跟她讲而不太跟父亲讲，这其实也会有问题。可以看出在该得体地退出时，母亲并没有退出，儿子也没有完成与母亲的分离，而是很大程度地置身于母亲的影响范围。这样，他一是没有收到父亲的男性能量的传承和支持，二是没有机会做自己。这个儿子事实上是站在了母亲的伴侣这个位置上。他应该去寻找父亲，到父亲那儿去。否则，一直站在母亲身边，与母亲距离太近，他就无法接受父亲而成为真正的男人。而在他自己的伴侣关系中，他也无法与女朋友或太太进行真正的互动，因为他心目中的女神，实质上一直是母亲，这是从潜意识的动力层面来讲的。

其实在六七岁的时候母亲就应该让儿子独立洗澡，或者请孩子的父亲来照管了。对待女儿也是如此，让她置身于妈妈的影响下多一点。及早有性别意识，父母和孩子各在合适的位置上。

请大家再想象一张图，或者你有纸笔的话就把它画出来，左边画爸爸，右边画妈妈，下面中间的位置画孩子，之所以把孩子放在中间，是因为孩子的生命一半来自爸爸，一半来自妈妈，爸爸和妈妈对孩子的爱，是同等的。当然，孩子也同等地爱着父母。

所以中间是一个系统中生命和爱传承的位置。然后注意，如果这个孩子是女孩，请把她画得离右边的妈妈近一点点，如果是男孩，就把他画得离左边的爸爸更近一些。这个是从性别和角色的层面来描绘的，是心理动力的位置。这能让系统中的每个人都舒服。用心去感受一下这个纸上的排列。

如果是离异家庭，或其他状况比如领养、私生子等等，除了领养，其他状况也适用上面讲的位置原理，领养所牵涉到的系统与关系更复杂，留待以后讲。

静与善的修养 14　祝身体健康,精神愉快!

身和心,生理和心理,缺一不可。它们构成一个完整的个体,叫生命。生命非常奇妙,生理上,比如手指割破了,即使什么都不做,过一些时间,它就会愈合;而心理上,比如,不管是好的心情,还是糟糕的心情,也一定会过去,都留不住。同时,不管产生好的心情,还是糟糕的心情,我们又都知道。

中国文化讲修身养性,如果平时让自己的心情保持平和从容一些,少些烦恼,让自己的身体保持健康,少病少痛,那么我们也就足够拥有一个有品质的人生了。中国人以前写信,最后就讲两条,祝:身体健康,精神愉快!

这两条,可以说把人生的重点都说到了。

接下来可以听声音,或观呼吸,观呼吸时不要去控制呼吸,需自然呼吸。

……

慢慢睁开眼睛,感受当下的新鲜,一切都是新的。请把这种随时静下来,随时归零,随时更新的精神带到生活工作各方面。

担心是对孩子的诅咒

最近几天这里连续地刮台风与下大雨,看着被雨水浸透的街道和城市,不免会有"一蓑烟雨任平生"之叹。儿子放学回来,湿了头发,湿了衣裤和鞋袜。一开门他就先发制人:"我淋湿了,可我很开心,某某某说我这样玩水一定会被妈妈骂,啊呀,妈妈你果然要骂吗?"经过一番试探,发觉结果是美好的——孩子发现妈妈允许他有游戏和探索的自由,而妈妈则增加了对孩子的信任,同时也借助孩子的冒险精神,感受到了生活常规之外的新鲜体验。成年人在日复一日的惯性中,渐渐失去体验的丰富性。从这个意义上来说,孩子真是天使,是来帮助成年人的。

但是观察父母对孩子的养育态度,多数并不能轻松做到这样的放手。这源于他们自身的生命的紧缩感,对环境、对他人无法信任。再深究下去,会发现背后还有一份愤怒,这个愤怒往往来源于自身在童年时被控制、否定的经历。

刚收到一位妈妈的私信,她说她发觉自己一直对孩子严加控制,对孩子行为不满意时就会采取冷暴力或责骂,对孩子造成了很大的伤害,孩子现在胆小、黏人。她觉得这些恰恰是从她母亲那里承接下来的,每当她控制孩子,冲孩子发火的时候,她那一刻的怒火,感觉与小时候妈妈对付她是一样的。

这种在家族里代际传递的,对生命紧缩的防御的态度,在家庭系统排列创始人海灵格这里受到严厉的抨击。他的原话是:"妈妈担心孩子是一种诅咒,暗地里是在希望孩子替她去死。"一般人如果觉得这样的论断惊世骇俗的话,那么把最后一句改成:暗地里是在希望孩子替她去承担恐惧和罪责。两句话其实是一样的。我们亲子治疗案例中的事实也证实了这一点。有好几位母亲因为20多岁的孩子封闭在家,拒绝上班,拒绝与外界接触来求助。我们发现个案中母亲自身有很多压抑与无助感,平时就会把恐惧投射到孩子身上,对孩子管控太多,导致成年的孩子突然就停摆了:不去上班,不出门,不是玩游戏就是懒在床上,无精打采。这是对强势母亲的报复,也是对母亲的一份忠诚,仿佛是在说:既然你这么恐惧担心,那我就一直留在你身边好了。

亲子关系

强势母亲的儿子将一份忠诚发挥到极致就是得精神分裂,因为这样,母亲就需要照顾生病的儿子,就能成功地将儿子永远留在自己的身边。这当中,除了担心与诅咒,控制与压抑,还有母亲的一份抓取,从儿子那里抓取生命的温度和爱,相依为命。而这份爱,母亲需要从她自己的父母或从伴侣那里去索取,而不是孩子。

这样的亲子关系,必定是有残破的伴侣关系作为前提的。先有不快乐的夫妻关系,再有不健康的亲子关系。

与爱重逢

静与善的修养 15　落花纷,纷,纷

李叔同,出家后号弘一,大师出家前以擅书法、工诗词、通丹青、达音律、精金石、善演艺而驰名于世,出家后被尊为律宗第十一代世祖。这里是一首大师在出家前写的诗《落花》,其中透露的幽寂有多深,日后泽被众生的力量就有多大。

落花
纷,纷,纷,纷,纷,纷
惟落花委地无言兮,化作泥尘;
寂,寂,寂,寂,寂,寂
何春光长逝不归兮,永绝消息。
忆春风之日暝,芬菲菲以争妍;
既乘荣以发秀,倏节易而时迁。
春残,览落红之辞枝兮,伤花事其阑珊;
已矣!春秋其代序以递嬗兮,俯念迟暮。
荣枯不须史,盛衰有常数;
人生之浮华若朝露兮,泉壤兴衰;
朱华易消歇,青春不再来。

接下来可以听声音,或观呼吸,观呼吸时不要去控制呼

吸,需自然呼吸。

……

慢慢睁开眼睛,感受当下的新鲜,一切都是新的。请把这种随时静下来,随时归零、更新的习惯带到生活工作的方方面面。

破解无效亲子关系之信念

上一篇我们讲到担心是对孩子的诅咒，而实质上讲，这份担心相当程度上来自代代相传的家族的集体信念。当我们身处某些特定情境时，就会不由得感觉到有危险或不好的事要发生，当我们因为恐惧而愤怒地指责时，就会在熟悉的受害感中，与我们的母亲或父亲，还有更上一辈的家族亲人们联结上。

与人们通常以为的相反，我们是很喜欢待在恐惧和担心的感觉里的。从小我的层面来讲，小我以痛苦为食。从家庭系统的惯性模式来说，有句话很好地表达了这种忠诚："妈妈，我和你一样！爸爸，我和你一样！"所谓爱，其实就是做很多很多爸爸妈妈做过的事。

最后，我们说，从系统的良知层面讲，一个在歇斯底里地发火，或者总是担心得不得了的人，很可能是在修补自己的家庭系统曾受到的伤害，因为他也许是在用这些悲剧性的表达补偿系统曾经发生的不公正，比如某个被排斥的成员。

如何破解代代相传不快乐的模式？或者撇开家族系统不谈，从个体来讲，如何才能扭转生命前几十年漫长的不快乐的旧习惯，而代之以轻松、快乐的新习惯呢？所谓伴侣关系、亲子关系，终极意义上都是你和自己的关系。改变这种状况当然不是件容易的事，但值得做持久的努力。

介绍几种方法：

首先，大家可以试试一个信念的跟踪方法。我把它称为"看看它是什么鬼"。下次再碰到孩子做了什么让你担心愤怒的事，你就问自己：这个最坏的后果是什么？比如很晚了孩子还没有睡觉，还在做作业或玩游戏。

那么最坏的后果也许是孩子生病，或者更糟，比如失去生命，或者孩子成为一个一辈子没用的人。那么，此刻，你会有什么感觉呢？去捕捉你身体在那一刻的感受，也许头晕，也许喉咙堵、胸闷，也许手脚冰冷，然后内观你的心理，用一个词语去描绘它，比如"恐惧"或"怨恨"，要精确。

接着，再内观，看内在会闪现什么画面，让你记起了以往的哪个场景，比如小时候某一次，你生了好几天的病，不能上学，不仅承受着身体的难受，还被妈妈生气地指责，说你是个扫帚星,没用的东西。

然后再回忆你处在那个场景时的身体感受是什么。感觉一下。心里又是什么感觉,再找一个词去描绘它,比如"悲伤"。然后问自己,我是不是觉得自己是一个没有用的人。或者,我是不是觉得自己是一个没有人爱的人。多问几条,最终锁定一条负向的信念。这就好比捉到了自己潜意识层面的一只虫子。

继续观察自己身体的感受,也许此刻你因悲伤而哭了起来,在发抖,想要大声叫喊,等等。那就在一个安全的空间里尽情释放。等着一切都过去了后,最终,请拥抱自己,告诉自己:"某某某,无论你是什么样的人,我都和你在一起,陪伴你,看到你。某某某,我爱你!你已经尽了最大的努力了!谢谢你。"接着,别忘了孩子。也在想象中拥抱孩子,同样告诉孩子:"宝贝,无论你是什么样的,妈妈(爸爸)都和你在一起,陪伴你,看到你。孩子,妈妈(爸爸)爱你,你很棒!"

静与善的修养 16　这一刻,无忧也无虑

一天,多么平淡,多么丰盛。工作,静坐,读书。还有做家务,照顾好自己的饮食,吃简单清淡而好吃的东西。

傍晚去接孩子,顺路又在菜场买了农民自己种的新鲜蔬菜,那个白萝卜还带着湿的泥土,脆生生,水灵灵的,灯光下真是喜人。回家就利索地做四个菜,中途又辅导孩子写作业。全家吃了饭,收拾完,一起下楼散步,在初冬的空气里,却毫无冷的感觉,气流稳定、温和,走在路上,全身放松,又对一切清楚。明早又要坐早班飞机出发授课,晚上也有一些事要做,可此刻,无忧无虑,管它作甚?

这是每天的日常生活,琐碎,繁忙,也充满了一些有意思的片刻。但若没有静定,就很难领会到其中的味道,只会被一件件的事淹没,消耗。

接下来可以听声音,或观呼吸,观呼吸时不要去控制呼吸,需自然呼吸。

……

慢慢睁开眼睛,感受当下的新鲜,一切都是新的。请把这种随时静下来,随时归零,随时更新的气魄带到生活工作各方面。愿我们每天多一些静定,多一些无忧也无虑。

破解无效亲子关系之解救注意力

孩子排在家庭系统的最末端,孩子的问题,往往如一个镜像,直接照射出两点:一是父母之间的关系好不好;二是父母的自我修养与人格成熟度如何。

很多家长对亲子关系使出了洪荒之力,投入大量时间和金钱去上心理课程,去给孩子报各种昂贵的训练营、成长营、学习辅导班,甚至还给孩子吃上了精神类的药物(我就看到广州一所小学有小学生在吃抗抑郁药了)。这些往往收效甚微,孩子和家长依然在烦恼和痛苦里,因为这个解决问题的方向不对,越做越错,往往最后孩子的逆反心理越来越大,和家长的对抗与日俱增。

有效地解决亲子关系问题,只能从家长自己身上下功夫。比较纠结的是,这说出来容易,做起来很困难。因为人往往会逃避自我内在的深渊，去抓取那些更容易掌控的，比如孩子就是个软柿子，家长就会把力量用在孩子身上。因为相比对自己和对伴侣做功课，把兴趣点和力量转移到孩子身上就是容易的。西方心理学中的家庭治疗领域，往往把孩子直接称呼为"替罪羔羊"。我本人的工作中，同理最多的往往也是孩子，就是说，治疗师最应该支持到的人是家族里最弱小的人——孩子。

破解无效亲子关系的第二个方法——"解救注意力"。事实上，这也是解救孩子，放过孩子。具体如下：

第一步：确认注意力。当孩子的问题又让你头疼甚至痛苦时，立刻看到这个难受的感觉，用不出声的语言把它描绘出来，比如默默说：我此刻很愤怒或很恐惧。因为此刻我们的注意力已经黏着在这个不舒服的感受上了，那首先就需要确认。注意，这个自我感受一经确认，就已经把自己从对孩子的纠缠中分离了。

试着区别两种不同的表述：第一种，孩子让我很愤怒；第二种，我很愤怒。有没有区别？

第一种注意力依然粘连在孩子身上，第二种，其实已经把注意力聚焦到自己身上了。把注意力粘连在孩子身上的家长，用海灵格的话说好比是吸血鬼。在我们课堂上的亲子案例中，一旦家长被引导着把紧追不放的视线从孩子身上移开,看向伴侣,或看向自己的父母时,代表孩子的学员会立刻表现出放松和舒服。

最近在工作坊上,有一位妈妈主诉与女儿关系紧张,女儿甚至会出现要掐她脖子的情况。个案一做出来,与当事人描述的相反,这位妈妈一直满场紧盯女儿不放,真像是一个吸血鬼。孩子害怕得发抖,躲到了父亲的背后。也就是离开妈妈的视线,孩子才能喘息。所以戴着厚厚的人格面具,孩子是无法碰触到妈妈真实流动的爱的。其实这个亲子关系之前的状况更糟糕,孩子不上学了,都休学宅在家里了。

目前,这个妈妈专注在自我提升和改变上,也就是把对孩子的注意力,解救出来,放在自己身上了。这个方向对了,前途就会光明。孩子也已正常上学。

继续解救注意力的第二步:集中注意力。做什么呢?把注意力集中在自己的呼吸,或四周的声音上,也就是我们的静定部分教大家做的事情,回到当下。

如果第二步无法听清楚声音,无法观呼吸,那说明你的情绪太多,需要专门做情绪清理和转化。事实上,如果你认为和孩子的关系实在糟糕,而且时间持续得相当久了,那还是要寻求专业帮助。

静与善的修养 17　慢条斯理的明星

前不久在某地的机场，贵宾通道，远远看到一群人都拿着手机在拍什么，还发出热情的呼喊。问了旁边的人，答曰：某某（明星）。走向安检，那位明星就排在我前面不远。穿白色皮夹克，黑裤子，墨镜摘下了，在接受安检。

那位安检的姑娘脸都红了，安检完还在偷笑，不时转头看明星。在场其他人也在有意无意地看。我观察到这位年轻人还真是不错，那个气度不一般，当然会有明星的那股高冷与傲慢，但他的举手投足，应对粉丝，无一不在静定中。不慌不忙，不急着穿上外套，不在意别人看他，旁若无人，气定神闲。看他慢条斯理地一样样拿起过了安检的手机、包、外套，收拾好，没有多余的动作，也不随意，很清楚。

明星，还有成功的商人和官员，一个个都有可取之处，你不妨去观察一下，他们是不是至少有那个静的气度。

接下来可以听声音，或观呼吸，观呼吸时不要去控制呼吸，需自然呼吸。

......

慢慢睁开眼睛，感受当下的新鲜，一切都是新的。请把这种随时静下来，随时归零、更新的精神带到生活工作各方面。愿我们每天拥有慢条斯理，从容不乱的时光。

破解无效亲子关系之设置界限

在讲了信念和注意力后,我们来讲界限。可以说,家庭中的很多问题都是不讲界限引起的,也就是说,乱哄哄或冷冰冰的现象背后,有一份不成熟的期待,有一种对关系和感情错误的认知。中国文化表面上给人一种热闹而不讲界限的感觉,圆融学不好,一不小心就变成滑头。对于这种不讲原则,没有是非观的人,孔子评价为:"乡愿,德之贼也。"也就是说没有界限、不讲原则的人,实际上是在破坏道德。孔子主张以仁和礼去修养自身。这里的仁,暂且理解为爱,礼就代表秩序,就是"爱的序位"所讲的,爱需要在秩序里流动。海灵格先生讲他第一次来中国时在飞机上读《论语》,与之感觉非常契合,我们都需要爱,也需要界限。

夫妻间没有界限,就会觉得:你的就是我的,你就该对我的一切负责。父母和孩子之间没有界限，小到穿衣吃饭，大到升学择业结婚，父母都会大包大揽，以爱的名义行控制的暴力。反过来，孩子也会对父母索取无度，成为寄生虫和啃老族。

从人类生命发展的研究来看，一个生命在母亲子宫里孕育的时候，首先，他被动地接受滋养，无论他需要什么养分，母亲的机体都会自动向他提供。其次，胎儿没有界限感，对于他来说，子宫的环境就是他自己，无论需要什么，都会源源不断地自动地得到。然后胎儿迎来人生第一次的界限感，那就是从母体分离，他出生的时刻。但三岁以前的孩子依然在母亲的能量场里，分不清什么是母亲的感受，什么是自己的感受，他也完全依赖父母生存下去。而父母也会安排孩子的一切，很多时候并不会去感受孩子真正的需要，控制与被控制，就这样没有界限地延续着。

孩子渐渐长大，需要发展自我，积蓄力量与父母分离。而没有界限感的父母则不能放手，也不知道如何设立界限，做到既能尊重孩子的个人意志，又能继续养育和支持孩子。然后孩子成年，工作，恋爱，结婚，成年孩子与父母之间的界限依然需要确立和尊重。

重点是，亲子关系中的界限，我们怎样把握呢？

首先，离不开静定修养。这是中国人安身立命的两大修养之一。举个例子,孩子被你骂了几句,然后他跑到一个角落安静地玩,这个时候你怎么做? 有的父母会出于愧疚和自身在童年的创伤阴影,过去和孩子道歉,亲亲抱抱说很多话,甚至许诺给孩子一个礼物什么的。

可只有静下来才能分辨清楚,到底那个时候孩子需不需要这样的安慰。实际上孩子很可能那会儿已经没事了,但你的行为又把他重新卷入刚才的事件,安慰行为实际上也在告诉他:孩子你受伤害了。

很多对孩子的爱,往往是我们对自己"内在小孩"的投射,我们在复制一个同样受伤的孩子。大家有空看看"薛定谔的猫"这个理论,所谓客体是我们主观创造的。我们一直在创造我们认为的孩子。所以,这个安慰还是不安慰的界限,没有静定,很难辨认出。

第二,和孩子设置界限,最好的方法是看向伴侣,也就是和你一起生了这个孩子的另一方。从序位和动力的角度看,当你把注意力放在伴侣和自己身上,对孩子做的就不会太多,那个亲子关系界限自然而然会出来。

第三,信任。信任孩子会在自己灵魂里长大。一年级时,我孩子曾经坚持在9月份穿毛衣和秋裤去上学,也坚持在11月淋雨玩,他写作业如果不来求助,我不会去帮助。这里都有一个界限,保证了孩子自己探索的空间,保存了他自己的体验和力量。事实上他没有因为这些而生病(生病其实也是孩子包括成年人的权利),他的成绩也在前列。

第四,明确一些基本界限。比如蒙特梭利教育以不伤害自己,不伤害他人和环境作为孩子们行为的底线。对于成年的孩子,父母还可以设置经济和恋爱上的基本界限,比如经济独立,父母可以支援的额度是什么,比如谈恋爱不能把肚子搞大,等等。

能够成功设立界限的父母,其实也意味着他们是成熟的成年人。如果我们把人生比作修行,那懂得界限的父母是合格的。

静与善的修养 18　她的优雅

在一次公开课上,有一位女学员,长相普通,衣着一般,是一家银行的普通员工,但她在近两百位学员中又显得蛮出挑的,为什么呢?

因为她是积极的分享者,几次站起来或直接跑到我身边,站在舞台上对着大众分享。分享什么呢?分享她听我们的音频,尤其是静定课后的变化。比如记忆力好了,脑子清楚了,心情轻松了,皮肤从发黑变粉嫩了,身体也比以前好了,睡觉也香了。她说她在银行的工作繁忙而琐碎,很容易出错,而银行工作出错受到的惩罚也比较严重,现在她不再出错,也不用再被扣很多钱了。

她站在舞台上分享的时候,习惯性地眼睛盯着地面,引导她平视面前的大众时,她突然绽放出奕奕光彩,清楚地,自信地,充满感情地把分享做完了。全场给了她掌声。这一刻,她是优雅的。静定自信的女人是优雅的。

接下来,我们听声音或观呼吸,听声音的话,不要去分辨是什么声音,只是听。

……

慢慢睁开眼睛,一切都是新的。请把这种随时静下来,随时归零、更新的气魄带到生活工作各方面。愿我们静而后能安,在安静中优雅地存在。

破解无效亲子关系之找回自己的力量

前些日子有个聚会,孩子幼儿园时的小伙伴和他们的父母都在,孩子们很高兴地玩在一起。其中两个孩子曾经是最好的朋友,有大半年没见,乍一见,有羞涩,还有点无所适从,隔着三五米坐着。大人们在聊天,他俩就这样相视好一会儿,其中一个孩子眼中还有泪光点点。突然大人们也看到了这一幕,被这两个孩子之间正在无言地流动的那个情感感染了。这个圈子是相当成熟的自我成长圈,家长们都清楚地看到了孩子身上的纯真与深情,真实与力量。

和人们的概念性偏见相反,在情感上,其实孩子比成年人更有力量。一是因为孩子的灵性,或者说传统文化里讲的阳气还很充足,元气满满。他们的情感非常打动人,那个情感的深度,甚至是超过大人的。二是从心理结构和内容上讲孩子更简单,没有人们以为的那么容易受伤,就像老话说的,小孩哭一会儿就雨过天晴,没有阴影。而家长,各有各的伤痕与背负。无论在体力上还是精力上,家长其实都比不过孩子。不信你试试和孩子玩一天,最后是你先瘫坐下来要休息,还是孩子呢?

亲子关系案例中普遍的现象是:家长都怕孩子,孩子叛逆,跟家长们对着干,抑郁,躁狂,游戏上瘾,不好好学习,或者身体有状况。当事人都怕自己的孩子。那么,如何可以和孩子有更顺畅的沟通,如何可以让爱更正向地表现出来,流动起来?就像开头讲的那两个孩子之间的爱的流动,很健康,很有力量。

我们的治疗会分几步,其中一步是帮助当事人家长找回自己的力量。比如一位长期吃抗抑郁药的妈妈,在浸泡式地上了一段时间的课后,破天荒地对女儿大声地训斥,告诉她:"妈妈帮你是因为爱你,不是因为欠你,你也已经成年了,需要对自己负责。不许你用这样的态度对妈妈说话!"结果第二天女儿竟买了花送给妈妈。孩子被骂了还送花,为什么?因为那一刻她终于拥有了妈妈,妈妈不再带着愧疚感怕女儿,妈妈上位了。可以做朋友的人千千万,可以做父母的只有唯一的一双。孩子需要你们展露适度的 —— 权威感。(案例处理方法请不要轻易模仿,具体问题还是要具体对待。)

总体归纳起来就是:你得找回力量,提升力量。

第一,力量的源泉是父母。家族里有一股永世不停的奔流,裹挟着巨大的力量。和父母联结上,就能和这股系统中世代的力量联结上。

第二,为了有力量,还得先接纳自己内在无力的部分,接纳一直关在地下室里不想去面对的那部分。很深的黑暗,很深的羞耻,甚至是恶。

第三,如果夫妻关系有真实的联结存在,即使是离异了,只要对对方的尊重在,那么面对孩子的时候,那个力量感就会出来。面对孩子无力的人,是心里没有另一半的人,是孤独的。

第四,每一个人不仅是某一个或几个孩子的父母,更是自己。如果借由亲子关系找回了一些力量,那么你就走在一条自我探索与提升的康庄大道上。

静与善的修养 19　听到自己才是美好

如何和潜意识沟通？从技术上说不难，前提依然是静定。一个人坐下来，放松，感受脚被地面承载，身体被椅子稳稳托着的感觉，双肩自然下垂，感受到放松蔓延开来。

然后，去发现潜意识。倾听，潜意识在告诉你什么？开始沟通的语言，可以是："我看到你，谢谢你一直在，谢谢你用这样的方式保护我。现在是安全的，你想告诉我什么呢？我愿意倾听。"倾听完毕后，就说谢谢你，我向你保证我会照顾好自己。如果还不是很清楚，就说，尽管我还不知道怎么解决，但请给我时间，并指引我。谢谢你的爱。

这个和自己潜意识沟通，或者说倾听自我的技术，很有用。在你状态不好，心情低落，身体不舒服，或者面临选择，要做一些决定的时候，不妨小心倾听自己。露易丝·海在《生命的重建》里提道："会经常坐下来倾听自己"，就指这个。

接下来照例不加分辨地去听声音，或者观自然的呼吸。

……

慢慢睁开眼睛，一切都是新的。请把这种随时静下来，随时归零、更新的习惯和友善的态度带到生活工作各方面。有些人只追求美好，而忘记了多倾听自己正在无意识受着的苦和束缚。听到自己才是美好。

破解无效亲子关系之游戏和拥抱

对儿童和青少年的教育研究发现,孩子有维持生命安全的需要、认知的需要、社会性与自我发展的需要等三个层次,而游戏是满足孩子这些身心发展的需要的最佳方式之一。

如果孩子还小,那么自然有很多游戏可以和他一起玩。以前我家孩子喜欢躲猫猫游戏里,每一次妈妈都能成功把他找到,并一把拥抱他的感觉。还有打怪兽的游戏,小孩子成功地把家长扮演的怪兽打倒,怪兽要做出种种囧态,让孩子享受到以下两种情绪:第一,发泄与释放;第二,反控家长的快乐。那是很疗愈的。如果孩子大了,其实依然有很多游戏。打篮球、骑自行车、滑板、游泳,这些体育活动实质也是游戏。重要的是孩子需要有和父母进行互动的时光,可以平等地分享一些身心体验,可以享受其乐融融的温暖氛围。

无论孩子年龄多大，有两个游戏，在很多场合都可以通用。它们不仅是游戏，更是疗愈方法。带着治愈系特有的触动，还有欢笑和泪水。你能猜到吗？这两样，也是我们针对成年的当事人经常用到的。一个是打架，一个是拥抱。

我的一位朋友开办儿童之家已有八年，一直推崇新教育理念。他几乎可以算中国民间办学的先驱者和理想主义者，做了大量踏踏实实的工作。我印象很深的是，他接收了很多来自父亲缺位，母亲掌控一切的焦虑家庭的男孩子。这些男孩子身上的攻击性都被严重压抑着，显得脆弱无力，或者爆发时很有破坏性。朋友教育他们很有一套，有时就是利用打架游戏。首先说明规则和时间，然后开始，用身体推撞发生冲突，最后紧紧拥抱，直到孩子能够放松下来。

没有例外的，男孩子们渐渐就有力量出来了，"出名"的皮大王，被几个学校劝退的孩子也慢慢找回安全感，放松平和下来。现在这些孩子都已经上小学，在常规公立学校里表现得都很出色。老师对这些孩子的评价是：内在快乐，情商比较高，学习有比较高的主动性，考试成绩很不错。

这位朋友不仅教育孩子，还连带教育家长，有时还和孩子的爸爸们玩打架游戏，依然是说明规则和时间，然后身体对抗，最后拥抱。这么多年过去，一些家长还经常回去找他聊天，很有凝聚力。

我们在工作坊上会遇到男性能量受阻的男学员,运用的个案手法也往往会激发他的攻击性,目的就是让其与父亲和其他家族男性祖先联结上。理想的家庭是,男人变得更像男人,会享受男人的力量;女人则变得更像女人,会享受做女人。

打架游戏,释放攻击性,激发原始生命力,弗洛伊德的精神分析理论讲:要么攻击,要么性,如果两样都压抑,力量就被压制。在一些陷入僵局的关系里,很需要利用打架游戏来破冰和解除冷暴力。

男孩子不要太多粘连在妈妈身边,要去和父亲接触,通过身体的冲撞和适度的暴力,来学习成为男人。然后再紧紧地拥抱。爱的流动,是美妙的。

关于拥抱,有一个感人的故事。妈妈因为处理不好亲子关系,来上我们的课,学习了重塑安全依恋模式的拥抱疗法。在回家的路上,妈妈一次次拥抱女儿,女儿则用力地一次次推开她,她就一次次抱紧女儿,告诉孩子:妈妈在,不会走,也不会让你走。女儿中途甚至用指甲抓妈妈的脸,用手扯妈妈的头发,但妈妈都不放。两人一度还都滑到地上去了。这位女学员不理旁人的目光,坚定而温柔地抱着怀中的孩子,经过一个小时左右,孩子突然就放松了,蜷缩在妈妈怀里,不一会儿安然入睡了。

当你看到这里,是否也突然就安心了呢?童年与父母爱的联系的中断,有时一个这样的拥抱疗法,就能突然强烈地联结上。这位妈妈后续还在学习,听说女儿变化特别大,会笑了,身体好了,学习也很好。

最后推荐一本书:《倾听孩子》,作者是美国的惠芙乐,很实在很有效。

静与善的修养 20　杂务也是要务

喜欢静坐,身体和心都静下来的感觉是安详的。盘起腿来,肌肉和骨骼也摆正了,呼吸均匀绵长,四周声音也听得清楚。

坐,是一种享受。但坐前,一般都会有些事,比如看到厨房里还有散放着的盘子杯子筷子叉子,地上也有污渍,想了想,动手清理,一样样,洗好擦好放好。

再比如,在蒙蒙的雨中,步行到车行,拿到修好的车子,回家停放好。这样子家里人就不用费力了。如果我们不做某些事,那么其他人就不得不去做,但如果我们做了,他们就得到方便了。道德修养,日行一善、日行多善,就是实实在在地多体谅和考虑别人一点。静坐享受,行善也不能落下。

接下来我们继续听声音,或观呼吸吧。

……

慢慢睁开眼睛,一切都是新的。请把这种随时静下来,随时归零、更新的习惯和友善的态度、行为带到生活工作各方面。

尊重和整合 —— 抚平孩子的创伤

最近关于幼儿园孩子出事的消息，扎针、体罚、喂药、喂芥末、猥亵等等，让朋友圈群情激愤，像一位心理学家说的"整个社会都应激障碍了"。在这里，我们谈一谈万一孩子遭受到创伤，我们应该怎么看待，然后怎么对待？

创伤通常指"超出一般常人经验的事件"，都是突然发生的、无法抵抗的，会给人无助感，会改变人的情绪和行为。它有级别的区分，创伤应激障碍则是指遭遇重大刺激后，整个人的状态不对了。一个月内能好转的，往往是急性应激反应，一个月好不了的，一般被诊断为创伤后应激障碍。

我们遇到过不少创伤议题的个案，大多是指创伤后应激障碍。那么这里讲讲儿童的创伤应激障碍的症状是怎样的。一般会有做噩梦，有些孩子会在梦中哭喊有怪兽、坏人、鬼……要伤害他。也有孩子会反复体验创伤性事件,玩与创伤有关的主题游戏。比如有孩子曾经被父亲暴打一顿,被一把推倒,头撞到地上。在之后的几年里,这个孩子就会不停地打自己的头,或者和其他孩子玩打头的游戏,嘴里还会说着"我要死了"这样的话。

也有孩子从小被寄养在祖辈那里,或者幼儿园就开始寄宿,那他会有分离创伤。这样的孩子会表现出黏人,焦虑,不愿意离开父母;或表现出相反的情况,冷漠,无所谓,甚至要推开父母。还有的孩子在经历创伤后会表现出过度的激惹反应,害怕独处,害怕陌生人,大小便失禁,等等。

孩子受到的创伤情况林林总总,小到父母不经意的一句话,一次短暂的离别,一个小小的挫折,大到暴力和情绪虐待,或者性侵犯,或者经历突发的灾难或死亡。孩子遭受创伤后,家长如何看待,如何面对,如何帮助孩子走出阴影,修复其心理和社会功能,让其重获安全感呢?

首先,我们必须要承认的确有伤害和损失发生了,这点很重要。不要以为遗忘和掩盖会帮助当事人变好,当事人的头脑中有大量碎片化的记忆,不要去掩盖消灭它们,而是尊重发生的事实,然后去整合这些记忆。关键词是两个:尊重、整合。

对成年的当事人,我们在系统排列个案之外,还有叙事疗法、运用身体升阳来清理淤堵的创伤能量等这样一些身心齐治的方法。而对未成年的孩子，我们更主张父母的理解和陪伴，无条件地支持，不带评判。也就是说，父母的爱是引领孩子走向痊愈的最根本途径。

在治疗的形式上，讲故事很适合孩子，业界称这样的故事为"治疗性故事"，也有人称之为"隐喻故事"。通过讲故事，帮助孩子恢复失去的身心平衡，矫正情绪和行为。这种方法属于后现代心理学方法。

在这里我们分享一个"治疗性故事"，这个故事摘自《故事知道怎么办》一书，作者是苏珊·佩罗。这个故事是写给一位非洲男孩的，他3岁时被保姆性侵和虐待，感染了性病。6岁时男孩在生理上已恢复，但不能放松地上厕所，而他又面临上小学，作者为他创作了这个故事：

生而为王

从前有个小男孩，一出生就注定要成为国王，大家叫他"小王子"，还给他一顶金灿灿的皇冠，让他戴在头上。

小王子跟别的男孩子一样喜欢探险，喜欢爬高爬低到处跑，跳上跳下找乐子。他整天跟伙伴们一起，在皇宫的花园和森林里玩耍。他的皇冠在阳光下闪闪发光，伙伴们都喜欢这闪闪的金光陪着他们嬉戏玩耍。

亲子关系

不过有一天,王子跟他的伙伴在皇宫的围墙玩耍的时候,有一个大孩子越玩越粗野。忽然,他使劲地推了王子一下,王子从高高的围墙上掉了下来,撞到了地上的石头。他身上很多骨头都断了——手和腿上都有骨折。

仆人们救起了王子,把他带回王宫深处,他的房间里。医生用绷带帮他把手和脚包扎起来,那些绷带缠得那么厚,他根本动不了,只能躺在床上等骨头愈合,他那样等了很久。是的,他等得真是够久的,所以,等他的骨头好了以后,已经忘记了怎么走路了。他只想继续躺在床上,不管爸爸妈妈怎么请他起来,他却连动都不想动。

有一天,奶奶想到了一个办法。她带了一个大大的手捧镜到小王子的房间,坐在小王子的床上。她把镜子举起来给他看。"你一出生就注定要成为国王的。"她说,"你的头上有像阳光一样闪着金光的皇冠。可是现在,你看!"

小王子看看镜子,他吃惊地看到,在黑乎乎的睡房里,他的金皇冠是如此的暗淡。"请带我到外面去,"他叫了起来,"那样,我的皇冠就可以在阳光下闪耀了。"

"不,你不需要人带你出去。"奶奶说,"你得要自己走出去……不过如果你伸出手来的话,我可以扶着你走。"

小王子伸出手来,奶奶帮他慢慢把腿从床上挪到了地上。他们一起缓缓地走出黑黑的房间,沿着皇宫的走廊走到了外面,走进了阳光灿烂的花园。

过了好几个星期,小王子才能像以前那样,爬高爬低到处跑,跳上跳下找乐子。可是每一天,小伙伴们都牵着他的手帮他走。在花园里走动得越多,他的皇冠就越闪耀,越能反射出太阳金灿灿的光。很快,他就可以像以前一样每天都去玩耍了。奶奶就坐在花园的一个角落里,看着他跟伙伴们一起玩耍嬉戏。她真为自己的孙子自豪!因为,小王子知道,他生而为王!

孩子的母亲在作者的建议下帮他儿子编了一顶皇冠,是用金色的线编成的,并在睡前给孩子讲这个故事。两个多月以后,她给作者发邮件,说儿子上洗手间已经不再需要她的帮助了。她对作者说:"这个故事为我带来了很大的帮助,特别是让我体验到,想象是可以帮助孩子情绪发展的。"

静与善的修养 21　不开心的时候做点好事吧

　　静要能静,动,也要能动,动得起来。那动起来做什么呢?做好自己的事,同时,力所能及地为别人做些事。

　　当我们帮了别人一个忙,为别人服务了一下,或者付出了我们的一份心意给别人和社会环境,我们感受到的是热乎乎的快乐和满足。

　　曾对学员说,但凡感到抑郁和低落,感到无聊和没有希望、热情的时候,至少出去走走吧,带上一只垃圾袋,一副手套或一枚垃圾夹,边散步边捡垃圾。当我们低下头,弯下腰,从绿化带,从路边捡起别人随手丢下的烟头、塑料袋、包装盒或其他残留,其实也在净化我们的心地,并种植下一份善意和美好。

　　学生几乎是百分百地会反馈说,捡完垃圾心情就好很多了。哪怕只是捡起一点点。那个行善的行为,给我们的大脑增添了多巴胺和内啡肽这样让人感觉很棒的化学物质,让我们快乐。同时在心理上我们也从受害和无助者,转变为付出和给予者了,这两个哪个才是丰盛的角色呢?

　　接下来我们继续听声音,或观呼吸吧。

　　……

　　慢慢睁开眼睛,一切都是新的。请把这种随时静下来,随时归零、更新的习惯和友善的态度、行为带到生活工作各方面。

孩子永远都有他的父母

当前呈上升趋势的离异现象,也在不可避免地影响着孩子。甚至有些文章已经在预言未来家庭的形式将不复存在,那样的话,势必会有越来越多的单亲家庭存在。离异意味着什么?真的会对孩子造成影响吗?如果一定会有影响,那我们又能通过什么样的认知和态度,以及相应的行为和语言,来把这种影响降到最低呢?

我们先来看离异的含义,如果说婚姻是一纸契约,那离异则表示男女之间的契约破裂,伴侣关系结束,那这里就出现了一个问题,请问孩子和他的父母之间的关系有没有破裂呢?难道父母一离异,这孩子就真的没有爸爸或者妈妈了吗?

在我们的社会文化里,因父母离异而成为单亲家庭的孩子,会被习惯性地称为"没爸的孩子"或"没妈的孩子"。这个概念就这样一直被延续下来,没有加以客观地观察和思考。"没爸"或"没妈"是带着主观情绪的一个评判,而客观地看,孩子永远都有他的父母。试问没有父母,哪来的孩子?从这个意义上看,不要讲离异,即使是父母有一方去世的孩子,也都依然拥有他的双亲。在哪里?在他的身体里。这个身体,一半源于爸爸,一半源于妈妈。

在此处我们可以做一个冥想:放松下来,闭上眼睛,代入你的孩子的感觉,想象此刻你就是你家的孩子,去感受身体的右边,那个部位往往蕴藏孩子爸爸的能量。然后,去感受身体的左边,那里往往代表了妈妈的能量。再然后,试着把右边和左边的能量结合在一起,彼此向着对方移动,然后轻轻拥抱自己说:谢谢你们,谢谢生了我,带着你们的爱,我,会活出我自己!

然后慢慢回来,慢慢张开眼睛。

一个离异或丧偶的人,可以在孩子身上看到另一半,即使那个人已经离开了你,婚姻关系已经结束,但他却永远留在孩子的身体里和生命里。这是一个非常值得尊重的事实和洞见,需要我们穿越社会偏见和肤浅的感受。

同样,一个孩子可以在自己的身体与面容中看到他的父母,甚至他的祖辈们。一切都是完整的,一个都不少。这是家庭系统排列经典的陈述，以现象学作为哲学背景，从系统整体来看待一个人，每个人都是家庭系统的一分子。还要撇开头脑，直接以现象入手来找寻爱的存在，爱就存在于孩子的相貌和身体中。

所以到这里，我们可以确认这样的一个认知，不管是离异家庭的孩子，还是丧偶家庭的孩子，他都有完整的父母，血缘上的联结、生命上的传承是永远的。尤其离异家庭的孩子，事实上都还能得到另一方家长的抚养和关爱，也有在一起陪伴相处的时光。家长处理得当的话，孩子的成长境遇会好过那些父母虽然没有离婚但经常争吵打闹、气氛恶劣的家庭的孩子。

我们总结起来说，离异，中断的是父母之间的伴侣关系，而不是父母与孩子的亲子关系。这里关键的一点是，抚养孩子的那一方家长需要尊重另一方家长，这样在抚养孩子的日常生活中，才能通过懂得尊重的这位家长的点滴言谈，和有意无意流露出来的对对方的态度，向孩子传递出一份正向的完整的爱。在孩子心目中，不管父母之间的恩怨如何，他都是同等地、平等地，爱着他们的。

静与善的修养 22　忘记

很早以前写过这样一段文字:"手机上,媒体上,每天都这么多消息,看过、听过就放下。凝聚到意识的内在。留神当下,留神日常生活,家人朋友,或只是独处的自己和时空之间的交集。"(《学会忘记》)

忘记是一种很重要的能力,尤其在信息太多的现在,我们需要放下大多数的信息,保持精简的选择和专注的坚持。

忘记的能力是需要训练的。学习主动去忘记,去放下。那怎么样主动地忘记呢?

安静下来,没有目的、没有预期地处在当下,听清楚声音的生灭,知道呼吸的一进一出,就这样过一会儿,然后再主动地想起那些你要忘记的东西,看清楚它们,在心里对它们说:我看到你们,现在决定要放下你们,谢谢!

就这样你有意识地放下一些东西,以便可以继续前行,向着新鲜和未知。

接下来可以听声音,或观呼吸,观呼吸时不要去控制呼吸,需自然呼吸。

……

慢慢睁开眼睛,一切都是新的。请把这种随时静下来、随时归零、更新的习惯和友善的态度、行为带到生活工作各方面。

单亲家庭的三个特点

记得以前有媒体罗列过成长在单亲家庭中的名人,其中包括孔子、孟子、诸葛亮、孙中山,以及美国前总统奥巴马等等。意思是家庭中父母是双全或缺失,与孩子未来成功与否并没有必然的关系。

我们继续一起探索单亲家庭是如何获得最大的圆满的。

首先,从家庭系统的平衡角度来看,单亲家庭,因为一方家长的离去,呈现出结构性的失衡。

所以紧接着出现了第二个特点,那就是从序位的角度看,不可避免会出现一些序位紊乱的现象,比如补位、越位、错位的现象。

如果你手头有纸和笔,那不妨先画出一方家长的位置,然后画出孩子的位置,以及另一方家长也就是离去的那一位留下的位置。一方家长会时常补另外一方的位置，也就是俗话讲的"既当爹又当妈"，你不妨在纸上画出一个箭头；孩子也会时常越位来补离去的那方家长的位置，也不妨画出一个箭头。这简单而直观地展现出了单亲家庭序位的变异，而序位的变异则是为了保持家庭系统的平衡，弥补那个空位。

那单亲家庭的第三个特点是什么呢？是家长不可避免的愧疚感。如果说，前两个特点有一定杀伤性的话，那实则都比不过愧疚感带来的杀伤性。不是说不能有愧疚感，实际上每个单亲家长都会有，问题是出于这种愧疚感，家长往往会以盲目的爱的方式，用补偿性的行为来给孩子过度的溺爱和自由。

海灵格先生讲过"太多的爱令人软弱"，又说"妈妈给出的爱太多，会失去孩子"。为什么呢？我们不妨思考一下，并且结合实际来体会一下：太多的爱，不适当的保护和关怀，它的背后是不是一份很深的恐惧呢？我们有没有把自己的不安全感投射到孩子身上呢？或者，我们有没有以爱之名，行控制之事呢？不允许孩子犯错，不允许孩子出现问题，不允许孩子全然体验生命中好的和不好的一切。那个潜台词是不是在说：孩子，我不信任你有足够力量，不信任你会保护自己，发展自己，活出自己。

其实不光在单亲家庭，即使是父母双全的家庭，如果给孩子太多的爱，实质上就是在过度地控制，并且无名地剥夺了属于孩子自己的力量，就好像在一颗发芽的种子上盖上铁丝网来进行所谓保护。

我们遇到过不少这样的案例，比如一位单亲孩子的代表一上场，就立刻抓住脖子喘不过气来，这个不仅精准地呈现了孩子的哮喘症状，更是在动力层面表达出妈妈对孩子的爱太多了，多到令孩子窒息。

另一个单亲妈妈因为孩子出现心理问题来到我们课堂，同样地，在场上可以清楚地看到孩子愤怒而恐惧地躲避妈妈，满场跑，一直缩到角落，甚至倒在地上。妈妈把所有心思都放到孩子身上，孩子其实是不堪重负的，孩子的心灵在说："妈妈，求求你活好自己，也允许我活出自己。"

写到这里，蛮感慨的，中国人传统家庭文化中有它感人至深的地方，也有它沉重的地方。不只是面对工作坊上学员的时候，有时看满大街的人，都仿佛看到他们背负着他们的父母，甚至还有祖父母的爱。这些沉甸甸的爱，原本是极其宝贵的祝福和加持。愿我们都能通过学习和领悟，放下盲目的爱，抱持能够让生命自由绽放的觉醒的爱。

所以，单亲家庭的父母尤其需要自我成长和提升，忍着愧疚与孤独感前进，勇敢面对现状，转逆势为助力，激发家庭系统深层的爱之活泉，让自己和孩子都能步入一个新的层面。痛苦，往往是走向幸福的燃料。

　　针对上述单亲家庭的三个系统和心理特点，结合我们过往的案例实操，我们建议单亲家长可以在合适时机步入新的伴侣关系，也主张你变得更有力量，给孩子树立一个快乐而自信的榜样。

　　另外，上述三个家庭系统的特点，不仅在单亲家庭中存在，双亲家庭中也普遍存在。

静与善的修养 23　心空

有时候,我们不知道该怎么办,那就不妨先停下来。

有时候,我们很认真地做事,但总有障碍,那也不妨先停下来。

有时候,我们感到焦虑,急急忙忙地抓一些东西,越抓越累,那也不妨先停下来。

停下来,让心空一些。倒空思想,仿佛那些让你在乎、操心的都不存在,从压力的旋涡里抽身而退片刻。

记得有一次,很多事一起涌来,我感到一下子很难完成,索性什么也不做,停下来,抽离出来,穿戴得暖暖和和地出去散步,漫无目的地闲逛。一切是清楚的,也都不费劲,不用力。在这个半天里把心空掉了,什么都不挂心。结果呢,晚上就很有效率地继续做事。

把心空一空,不会失去什么,不要害怕。就像曾在工作坊上的个案演示,一头负重前行、又渴又累的驴子,它的身边其实就有一条潺潺小溪,它肯不肯停下来去喝喝水,去享受花香和丰美的水草呢?

接下来可以听声音,或观呼吸,观呼吸时不要去控制呼吸,需自然呼吸。

……

慢慢睁开眼睛，一切都是新的。请把这种随时静下来，随时归零、更新的习惯和友善的态度、行为带到生活工作各方面。

妈妈上位

其实，单亲家庭，最重要的是一方不妖魔化另一方。带着对前任伴侣的尊重，和孩子安心过日子就好。

讲几个具体的单亲家庭的故事，然后我们再总结出几点具体的做法以供参考。

首先是一位美国的单亲妈妈，她写过一本书，讲的是她在离异后经历的个人与亲子关系的蜕变。一开始她也像所有单亲母亲一样迁就和讨好她的儿子，每周日她家的客厅里挤满了一群吵吵闹闹的大孩子，玩球、听音乐、喝饮料。每一次结束后，她都得花很多时间整理，加之工作也忙碌，所以她总是累得精疲力尽。

有一天，她突然意识到了自己是在无界限地讨好孩子，而背后是愧疚和无力无助感。当这位母亲看到自己因为愧疚无力而无法表达真实的想法，也就是无法在自己孩子面前做真实的自己时，终于知道问题的严重性。她想得到的可能就是，孩子也许不会因为父母离婚而出现问题，但却会因为抚养者即她这位妈妈的无力无助而出现问题。于是，她把儿子叫到跟前，告诉他不能再在家里客厅开派对。儿子非常愤怒，大吼大叫，她尽量镇定下来，坚持这么做。最终儿子也放弃了自己的想法。那一天就成为一个转折点，她惊奇地发现，那之后儿子反而变得开心、自信了，也更尊重她这位母亲了。

请问这里发生了什么呢？为什么说她拒绝儿子的那一天是个转折点呢？其实也不复杂，孩子终于有妈妈了，也就是妈妈上位了。而以前，儿子是感觉没有妈妈的。试想如果我们的妈妈天天对我们感到愧疚，因为她自己很无力无助，所以一直讨好我们，我们会有什么感觉呢？

在妈妈这个位置上，不仅需要妥协和温柔，也需要力量，而单亲母亲则更需要力量。一则是母亲这个角色的力量，二则是要承担父亲这个角色一部分的力量。

至于单亲父亲，也要检查自己，看自己有没有足够的力量和信心，同时也需要兼有母亲这个角色一部分温柔和阴性的能量。总之，成为单亲的家长，也是自己成长的好时机。

一直保持单身未尝不可，但在合适的时候进入一段新的伴侣关系也是一个新的开始。进入新的伴侣关系的好处是，系统再次达到平衡，比如妈妈有了男朋友或新的丈夫，那妈妈和孩子就不容易出现补位、错位和越位的现象，系统压力就减轻了。还有一个驱动力——人对伴侣关系的向往。借助伴侣关系，人生会保持生命的活力。

在重组家庭中，也存在一个序位。这个序位是以人物在系统中出现的时间先后来定的。在序位上，上一段关系中就有的孩子优于后来的新任伴侣。所以你会看到有些带着孩子的女人，再找对象时，就很介意对方是不是尊重和喜欢她的小孩。

关于重组家庭，我们下一篇具体再讲。总结这篇的内容：

第一，单亲家长要上位，更需要力量和智慧，所以要提升自己。

第二，单亲家长可以进入新的伴侣关系。

第三，无论进不进入新的伴侣关系，都不要妖魔化另一方。带着对另一方的尊重，安心养孩子，过生活。

静与善的修养 24　病中的雅善

儿子突然间发了高烧,也暴发剧烈的咳嗽,每秒一两声的频率,即刻带他去看了中医,晚上就安稳地睡了。但我也似被感染到,吃得清淡,睡得早,也就一夜间好了。

有一首歌在生病期间常被播放,是我坐在儿子的床边,轻轻放给他听,也放给我自己听的。听着音乐,偶尔看一眼儿子闭着眼睛休息的样子,喝一口悠醇的老茶,一口,再一口。心是深邃的,可以欣赏不同时刻的生命状态,也可以藏下已经发生的,不管好坏。

接下来可以听声音,或观呼吸,观呼吸时不要去控制呼吸,需自然呼吸。

……

慢慢睁开眼睛,一切都是新的。请把这种随时静下来,随时归零,随时更新的习惯和友善的态度带到生活工作各方面。不管发生什么,愿我们能温柔以待,给生活添一层雅善的色彩。

系统不支持你吃醋 ——
重组家庭和谐之道

重组家庭是越来越多了。重组家庭内部运行着一些特有的规律,关于序位,关于合情合理的爱,以及如何让这个爱成功。

从理性和感性两个角度来分享一些重组家庭走向成功的法则和经验。

这个法则首先是关于序位的,按照谁先进入系统的秩序,上一段伴侣关系带来的孩子优于后来的新任伴侣。曾经有一位女性当事人对老公与前任生的女孩感到嫉妒,甚至到了失眠和要离婚的地步。在道理上,她也知道孩子就是孩子,没什么好吃醋的,也要求自己做出一些姿态,对孩子友善大度,甚至准备和那个女孩做朋友。但她的继女,用她的话说,十分"邪恶",当面一套,背后一套,喜怒无常,摆明了要和她争夺她的老公,即女孩的父亲的爱。这个争夺战她的胜算不大,老公也在逐渐冷落她。

这是难免的。首先从情感上讲,男人离异后对这个女儿是有愧疚的,其次血缘产生的联系也强于一段新的伴侣关系。最后,从系统的序位角度讲,女孩优先于她的继母,换句话说,系统其实不支持这位女性当事人吃醋。

如果说情感是有温度的,那法则就显得不近人情了,不顾及个人的感受,直接为整个系统的平衡、秩序和归属权服务。

后来这位女当事人修正了自己的认知和行为,对他的老公说:其实看到你对女儿的疼爱,我更尊重你了,因为感受到你的深情与担当,我尊重你对女儿的感情。

她对继女也有态度的转变,很坦率地告诉女孩:你只有一个妈妈,那就是你的亲生妈妈。我只是你的阿姨,你的妈妈才是最好的,我只是替她在照顾你。我爱你的父亲,出于这份爱,我照顾你,愿意和你好好共处。你可以信任我,有什么事随时都可以和我说,我希望了解你,与你保持沟通。

事实上,她这么做了后,面临离婚的困境很快就解决了。当然一段伴侣关系要达到和谐还有很多后续的功课要持续做,深入做,但在她认知转变并且决心要保有这段婚姻后,应该就不会有太多障碍了。剩下的就是去坚持做,了解自己,了解关系中的其他人,有觉知地面对和处理。

上面的案例中，当事人发生转变时有几个关键点透露出来了，一是要对伴侣在上一段关系中的孩子说明你的角色定位，你不是孩子的妈妈或爸爸，孩子自有父母，即使父母的婚姻破裂了，但孩子并没有失去父母。我们传统文化里会让这样的孩子称呼家长的新任伴侣为妈妈或爸爸，但现代心理学研究发现，孩子是需要给亲生父母一个郑重的位置的。如果尊重了亲生父母，那称呼父母的新任伴侣为爸爸、妈妈或叔叔、阿姨则都可以。

第二个要点是，新任伴侣不能认为自己优于孩子的亲生父母。当然可以悉心照料孩子，但要保持一个谦逊的心态，尊重孩子的亲生父母就是最好的。为什么呢？因为亲生父母生了孩子啊，没有比给予生命更大的事，不论亲生父母的人品或个性是什么样的。尊重和谦逊的态度是爱流动的前提。

第三个要点，新任伴侣要说明自己之所以照顾孩子，是出于对伴侣也就是孩子父母的爱。比如上面案例中那位女性当事人说明自己是出于对老公也就是孩子父亲的爱，爱屋及乌，才爱这个孩子的。这个很现实啊。当然也不排除是出于对孩子真心的欣赏和疼爱。爱，多多益善。

如果重组家庭中，伴侣双方都带来了上一段关系中的孩子，那怎么对待呢？和上面一样的原则，即使看上去在序位上复杂了一点。如果重组家庭双方都没有孩子，或即使有孩子也由前任在抚养，相对来说关系处理上就简单一些，但原则依然是一样的。

如果重组家庭中，除了原有的孩子，伴侣双方又生了新的孩子呢？大原则上，还是一样的。具体看就复杂了一些，孩子之间的序位呢，以年龄大小分，还是原有的孩子优先；从血缘联结上看，新的孩子比原有的孩子优先。所以对待起来，更需要尊重——尊重前任伴侣和原先的孩子，顾及原有的孩子可能会有失落感。这里可以参考传统文化中那些淑贤有智慧的女性，对原先关系中的大孩子是更体贴慈爱的，对后来新生的孩子反倒比较严格。这是从人情世故上来讲的，有关修养和智慧。

对重组家庭中有孩子的那一方来讲，也需要尊重新任伴侣。首先从系统角度来讲，感谢新任伴侣的出现，因为新任伴侣的出现减轻了失衡的压力，重新平衡了系统，孩子和他本人不需要再越位和错位。其次从伴侣关系是个功课的角度讲，尊重这位新任伴侣，也即尊重了前任伴侣。新任的身上有前任的影子，我们的一份尊重，即是荣耀了关系。这样的尊重，前任留下的孩子也会感受到的，也会舒服和安心的。再次，也是最重要的，夫妻关系是重组家庭中的核心关系，优先于亲子关系。

在这里，我们祝福重组家庭，愿这份和谐通过觉知和尊重，流传下去。

静与善的修养 25　静不下来？试试和孩子在一起

我家小孩，有一度很怕无聊，观察下来，为了抵御无聊，他会采取的对治方法有这么几种，约小伙伴玩，在 iPad 上找个喜剧电影看，玩游戏，找大人打闹，吃东西，搭乐高，做视觉艺术那样的手工，等等。今天早上一起床就自己找了本书，一口气看完了那本他真正喜欢看的书。

观察孩子，会让人由衷地欣赏他们的灵动、自然、健康。那才是真正的活在当下。每个孩子都是天然如此。他们的流动感很美，不黏着，不固着，不死板，不会在事情过去后还怀恨在心，或津津乐道，哭完笑完都放在脑后。这是生命很天真质朴的面向。大人能做的，是尽量少干扰，最好不干扰孩子。

这对大人而言，也许很难。不控制，不抓取，那么也许就要抓狂了。其实很多时候去观察，孩子反倒是在滋养我们。他们仿佛什么都知道，会安慰担忧妈妈，而且貌似没负担，一转眼又跑去玩了，很专注，很轻盈。

陪伴孩子，观察孩子，对于很多成年人，是很好的静定体验。如果你静不下来，不妨试着去看看孩子们。

接下来可以听声音，或观呼吸，观呼吸时不要去控制呼吸，需自然呼吸。

……

慢慢睁开眼睛,一切都是新的。请把这种随时静下来,随时归零,随时更新的习惯和友善的态度带到生活工作各方面。记住别太担心孩子了,能信任地、敞开地、安静地陪伴孩子,是一种美好享受。

瘾症、早恋等与父母影响力有关

如果说母亲是孩子生命与爱的源头，那么父亲便是孩子走向世界和成功事业的必经通道。父母双方对孩子具有同等的意义，缺一不可。如果父母中有一方对孩子拥有绝对的影响力，另一方在无形的对决中明显败北，那不是什么好现象，孩子往往会在表面上听从强势的那一方家长，而暗地里会跟随和模仿处于弱势的被排斥的那一方家长。

比如有些患有游戏上瘾、暴饮暴食或其他问题的孩子，往往是在潜意识深处渴求父亲的一份力量支持而不可得。这样的孩子缺少与父亲的情感联结和实际的相处。比如母亲与父亲分开了；或者没有分开，但母亲有意无意地阻止孩子靠近父亲，或者是父亲出于自身的原因无法接触到孩子。我们遇到过不少这样的亲子案例，孩子与父亲"失联"（失去联结）的占很大的比例。有离异的母亲依然在怨恨父亲的，有父亲在家庭中没有地位不被尊重的，也有父亲长年在外地甚至离家出走再无音讯的。

不管哪种情况，父亲影响力的消失对孩子的成长会造成极大的削弱，孩子会变得软弱无力，或走向另一个极端，在母性的溺爱中随心所欲地成长，迷失在母爱的黑洞里。这样的孩子中不少会对某些东西上瘾，比如电子游戏，比如食物，甚至会出现早恋，成年后对性、酒精、烟或者暴力等上瘾。为什么呢？简单地讲，上瘾的刺激感是对父亲的力量的模仿，外在的欲望对象是满足内在软弱的替代品。

我们有没有在喝酒、抽烟、玩游戏和讲粗话的体验中感受到力量呢？那些时刻仿佛让我们变得有力量，无所畏惧，并且有掌控感。仿佛我们再也不是那么没用的、萎缩的。在潜意识中，我们渴望的是如山的父爱，给我们支撑，给我们扶持，给我们遮风挡雨。

所以心理学包括家庭系统的研究发现，上瘾的症状其实是潜意识中对父亲的渴望和忠诚。像一些喜欢吃很多然后又忙着减肥的女孩子，或者早恋的女孩子，或者对年龄比自己大得多的男人感兴趣的女孩子，她们和自己父亲之间也是失去真正的联结的。解决之道是要做回父亲的女儿。而女儿往往还要克服微妙的对父亲的性的羞耻感。这些在个案中都有呈现。

所以我们总结，与父亲的关系给予我们力量感，使我们能够立足现实，并帮助我们从家庭走向世界。要做到这一点，我们可以想象：父亲的双手放在我们肩膀上，我们获得力量和祝福，双足稳稳地扎在大地上，能够看到并抓住人生中各种可能性和机会……

这也是为什么与父亲的联结可以决定我们事业的成功。

现在来讲母亲的影响力。相比于父亲，因为生养哺乳孩子，母亲与孩子的联结更紧密一些。据说12岁之前，孩子和母亲共用一个能量场，母亲的状态好坏，直接影响孩子的状态，也就是母子有一种依恋共生性。

我们从很多课堂案例中也发现，一个母亲自身如果有童年的创伤或成长经历中的心灵烙印，就会无意识地传递给孩子，从而与孩子同病相怜，把孩子变得和自己一样，从而也成为最理解自己的人！

而孩子呢，往往也无法拒绝自己的母亲，无法抵御这份去模仿和拯救父母的诱惑，这个诱惑给到孩子一份天真的盲目的伟大感，愿意去牺牲自己，去分担父母的痛苦，甚至扮演父母的父母，以颠倒的序位、伤害自己的方式生活。

避免母爱让孩子窒息的方法是：母亲看向父亲，让伴侣关系优先于亲子关系，允许孩子爱父亲。这里讲的，也包括离异或丧偶的家庭,所谓母亲看向父亲,指的是心里的尊重。这很重要。

那些缺少与母亲联结的孩子也会有问题表现出来,如果是女孩子,往往会压抑女性的能量,穿着和气质比较中性化;如果是男孩子,会显得既鲁莽又脆弱。而童年丧母的成年男性,会表现出死亡动力,如喜欢刺激的户外冒险;也喜欢追逐女性,在享乐中填补脆弱和无力。

与母亲失去联结的人,一个共同点是生命力的抑制和无力感,这也体现在伴侣关系、亲子关系,以及与金钱的关系中。

静与善的修养 26　无聊

我们是不是都同意,大部分的时光无关乎精彩,也仿佛不那么重要和有意义,大部分的时光是平淡的,没有特点的,甚至就是无聊的。

上一篇讲了孩子抵御无聊的一些方法,成年人抵御无聊的方法就更是名目繁多到令人眼花缭乱了。

无聊是不是在精神上在心理上难以克服呢?也不一定。我们知道很多做学问的人,一个人坐着,即使长时间没有摸索出成果,也并不无聊。或者我们的父母在家里做事,看着他们一辈子好像就在家里东摸摸西摸摸,也这样过下来了。

年轻人容易高不成低不就,期待比较多,付出却不够,会有无聊感。或者因为父母在养育过程中掌控和包办得比较多,造成孩子的自主性被剥夺,也会催生出无聊感。无聊其实是一种无力感,对生命的流动,对生活的点滴,认知都有问题。

我们在课堂上发现,痛苦的感受,都来自错误的认知。

减少错误认知的重要方式之一,是静定和行善。接下来大家继续不去分辨地听声音,或观自然的呼吸吧。

……

慢慢睁开眼睛,一切都是新的。请把这种随时静下来,随时归零、更新的习惯和友善的态度带到生活工作各方面。

无聊是每个人都会有的状态，在一定程度之内，它不会影响我们的生活。不妨和无聊做个朋友，看清楚它到底想说什么。

所有的孩子和父母都是好的

是否还记得孩子出生后我们第一眼看到他时的心情？我记得在产房里耗尽几乎是最后的力气，看到一个肉骨朵被拎起来，哇的一声哭出来。然后护士利落地忙乎着，等到我能转头看向孩子的时候，他眼睛睁得大大的也朝我这边看过来，好漂亮的眼睛，一个生机勃勃的婴儿就此改变了我的生命走向。之后他成为他的妈妈去认知自己、成长和改变自己的重要契机。为此，我很感谢我的孩子。

我们的孩子，这个小小人一来到世界上就这样改变了我们。我们的身份从此多了一样，父母两个字是多么地郑重而沉甸甸啊。生活变得繁忙琐碎起来，关系也变得复杂起来。我们在孩子身上投射了很多好的和坏的自我，转移了我们的恐惧和无力，也寄托了我们未曾实现的梦想和美好。

亲子关系

孩子是我们生命的延续，是家族系统进化和升级的契机，所以不管孩子愿不愿意，都被父母和家族赋予了很多，其中一部分会变成不能承受的重负。

有一个当事人，是成功的商人，她发现自己时常有逃离的冲动，想搞砸一切，放弃一切，但从未真正这么做过，感觉有什么在拉住她。后来她开始学习家庭系统排列，家里长辈从反对到支持，直至赞赏。有一天，父亲告诉她，长辈们认为她是那个可以荣耀家族的人，从她的生辰八字可以看出来，从她成年后创业的成功也可以看出来，她就是那个被选中的人。

事实上，我们观察到，几乎每一位进入工作坊来学习来疗愈的学员，背后都有家庭系统的推力，个体被赋予了一个和解与进化的使命。还有一位学员，对性的议题特别感兴趣，专门去研究，事实上这与她承受过性创伤的去世的奶奶很有关联。

还有一位当事人是个标准的工作狂，她的生日与他的父亲是同一天，父女俩很多地方都是相似的。她也在学习家庭系统排列，通过系统的学习进一步认知到自我，她学得很好。然后，最近有一天她从父亲发给她的新年祝词里，蓦地看到父亲把祝她工作顺利和事业有成放在家庭幸福和身体健康之前，她被击中了。又过了几天，父亲拍了她从不知道还存在的家谱照片给她看,她的眼泪刷一下就流下来了。这是个自以为很独立和叛逆的女强人,但更深地去看,她认识到自己多么忠诚于家族,多么深沉地爱着父母和祖辈们,也一直都在奉献自我,在满足和荣耀父母以及家族。看到这些后,她突然能够比以前更懂得休息和放松了,工作和事业,已经做得不错了,现在她希望可以按自己想要的样子去生活。那什么才是她想要的呢?于是,一段新的探索自我之旅就开始了。

每个人都是从孩子过来的,包括我们的父母,也曾经是他们父母的孩子。海灵格先生说过一句很温柔的话:所有的孩子都是好的,所有的父母也都是好的。

深感如此。即使孩子出现了这样那样的问题,即使父母出现了这样那样的状况,但在给予孩子生命这件事上,父母做得完美无缺,孩子也完美无缺地降生出来。

父母并不需要通过考核获得某种资格才能生孩子,不管父母的智商和人品如何,他们只是相爱、做爱,然后生了孩子。人类生命的传承,从这个意义上来讲,就是这么简单、朴实、平凡,生命的运行机制就是这样完美。

孩子生下来后,他成长的过程,本质上讲是孩子心理上独立的过程,一个跟父母从亲密到渐行渐远的过程。父母付出无微不至的爱,然后得体地退出,允许孩子做他自己,活出

亲子关系

他的人生意义。

愿我们的孩子都能够在成长的道路上得到他应有的体验、感受和磨炼。最后是一首给我们的孩子的祈祷词：

亲爱的孩子，
我知道你虽然经由我而来，
却不属于我！
你有自己完整的灵魂，和要体验的经历！
无论我是否认同，我都要放手并尊重！
你就在我身旁，却并不属于我，
我可以给予你的是我的爱，却不是我的想法，
因为你有自己的思想。

你的心灵属于明天，属于我做梦都无法到达的明天，
我不会把你变得和我一样，
因为生命不会后退，也不在过去停留。

我爱你！我的孩子！
我愿成为你幼年的引领者，
童年的发现者，
青年的理解者，

成年的看到者!
看到你生命的荣耀之光,
信任你就在你的灵魂里安然成长!

静与善的修养 27　我有梅花几枝

美的东西,无须解释,不用犹豫,直接就能让我们的心静下来。这是为什么呢?不知大家有没有想过?

这里有关于注意力的运用问题。注意力这个东西,我们无时无刻不在运用,只是我们没有注意到自己的注意力而已。对不好看的、不喜欢的东西,我们会本能地屏蔽注意力,做到视而不见,听而不闻。比如上课的内容枯燥无聊,那这个课上完我们立刻就忘了。

比如家里人说的话,让你很不高兴,不认同,你也就立刻不再听了,即使家里人有些话是很有道理的,也是真心而发的,可你已经听不进去了。因为你把注意力关闭起来了,用什么关闭呢?你的负面情绪。

相反,美的东西,不会激发你的防御,你的注意力可以完全释放出来,放在哪里?放在美好上面。这就是一种静心的方法。美与静定是在一起的。

接下来可以听声音,或观呼吸,观呼吸时不要去控制呼吸,需自然呼吸。

……

慢慢睁开眼睛,一切都是新的。请把这种随时静下来、随时归零、更新的习惯和友善的态度带到生活工作各方面。

今天生机盎然,阳光明媚,孩子们捡了几枝梅花带回家送给我,我将梅花插在细颈花瓶里,真是好看。

母亲与母教

当凝眸生命内在,我们看到母亲。她那熟悉的身影伫立在我们生命的起点,不曾离开。我们也许已走过很多山水,历过很多事,识过很多人,也许自己也已成为孩子的母亲。母亲,是荣耀,是牵挂,也是责任!

一次次走向母亲,宛若人生的隐喻,不舍的幸福……无论是心理学中对原生家庭重要性的研究论证,还是中国传统文化中对"母教""母德"的倡导,足见母亲对孩子的影响深刻而持久。母亲是把孩子带到世界上的人,是孩子人生第一段关系的对象。孩子与母亲的关系之所以重要,是因为孩子之后人生中重要的人际关系,比如与伴侣的、与自己孩子的、与客户朋友的等,都会复制其与母亲的关系原型。

当一个孩子呱呱坠地,他最依赖的是妈妈的照顾和爱。

但渐渐地,孩子会发现妈妈不是全知全能的,她不会每一次都及时回应自己的需求,有时还会指责、唠叨、否定,甚至打骂。这个时候,孩子的内心会是什么感受呢?伤心,愤怒,委屈,绝望,对吗?是离母亲更近了,还是更远了?还有一些孩子,很小的时候就不得不与母亲分离,比如早产送进保温箱或急症隔离住院,或者寄养在祖父母或其他人家。对孩子来说,即使是短暂的分离,这种被抛弃的痛苦的感受也会留在心里,更何况长期与母亲疏离?孩子在经受这些后会渐渐把心门关上,告诉自己:没有你,我自己一个人也行!这样的孩子成年后,在婚姻关系与工作关系中会表现得与人疏离,不容易亲近,即使外表优秀或强势,内心难免脆弱和无力。有时因害怕感受求而不得、被抛弃的痛苦,还会抢先中止一段关系。

客观地看,母亲本身也有伤痛,她很可能也没从她的父母那里得到足够的关爱。如果结婚后也不曾从丈夫处得到足够的关爱,那她是不是会不快乐,甚至背负疲惫和苦难?我们会发现,每一位母亲都不那么完美,还有人说自己的母亲几十年里都很少笑。这时,孩子会怎么想呢?他会觉得自己不够好,因为不能让母亲满意和开心。在精神分析学说中,这种特有的心理现象被称为"全能自恋"。意思是孩子觉得自己应该让母亲开心,如果母亲不开心,那孩子也无法幸福。

也就是把母亲不好的情绪与事件都归因到自己身上。即使成年后，孩子内心不时冒出来的那些自责、自卑、低落感，有多少是来自童年养育过程中母亲的影响呢？

孩子特有的自恋，会引发出帮助母亲的心理。系统排列创始人海灵格先生直接指出这是孩子天真而自大的拯救心理。我们遇到过不少这样的案例。孩子会不停地努力，觉得自己努力了、优秀了，母亲就会高兴或幸福。有这种拯救心理的孩子普遍缺少幸福感，有的甚至会出现严重的身心问题。这样的孩子很容易在心理的序位上站得比父母高，如此便不会站在孩子的位置上，谦顺地带着觉知去给予父母物质上或心力上的辅助。这种无意识的傲慢也不符合中国传统文化中讲的孝顺之意。真的爱母亲就回到孩子的位置上，带着尊重。

以上是从孩子的角度说的，那从母亲的角度说，了解了负面情绪与不当养育方式给孩子带来的问题后，到底什么才是正确的对待孩子的方式呢？简单总结有五点：关爱，尊重，了解，欣赏，接纳。可以理解为对应人性本有的贪、嗔、痴、慢、疑。既然贪，就要把关爱多多给予孩子。既然嗔，注意孩子也是人，有自尊心，有情绪，这时要给予尊重。既然痴，就要多去了解孩子，看到孩子真实的感受与需求。既然傲慢，就要欣赏和赞赏孩子，注意不是泛泛地夸。最后一点是疑，疑包含自卑与不信的意思，母亲就要多接纳孩子。

这五点正确的对待孩子的方式，其实正是中国传统文化中的"仁"与"礼"的精神的体现。结合前文提到的序位法则，我们可以总结说，一位母亲给予孩子的母教，是守住自己作为母亲的位置，活出自己的心智与力量，同时给出孩子人性需要的这五点。

母亲是每个人灵魂中深深的依恋。母亲有优点有缺点，有喜悦有哀伤。抛开母亲的角色，我们了解母亲作为人的真实样貌吗？是不是存在一些来自头脑的成见，固化、僵化了我们对母亲的看法，也束缚了自己？对母亲，我们分得清理性与感性的区别吗？理性上说，母亲生养我们，我们需要去感恩与孝敬；感性上说，母亲和孩子都有伤痛，都有情绪。这要看见并承认，必要时用专业的方法处理情绪。只有如此，感性与理性才能一致，爱才能真正从心底流动出来。爱母亲不再是个大道理，而是融贯身心的幸福。这种幸福会通过我们流传到我们孩子那里。对于一个女人来说，当她真正抵达母亲，她也终能给予自己的孩子最好的母教。

静与善的修养 28　放松

放松听上去不难,对吧?但其实观察下来,会发现人多数时候并没有那么放松。即使无事的时候,你的肩膀是否还无意识地端着,脸部肌肉是否还习惯性地绷着?不放松的状态追究其心理原因,会有怕犯错的成分,下意识里紧张、警觉。我们都需要被允许,被接纳,被爱,如此,我们得以放松下来。

在生命的起点,母爱的温柔与滋养,是我们可以栖息和放松的处所。然后,渐渐地,接受母亲真实的样子,她的遗憾和她付出的代价;也接受我们自己和伴侣的不完美,接受我们孩子的不完美。这是走向放松与安定的过程。放松创造空间,让我们重返宽广,让过往的遗憾与留恋,还有未来的渴望都得以安放。

接下来可以听声音,或观呼吸。

……

慢慢睁开眼睛,一切都是新的。请把这种随时静下来,随时归零、更新的习惯和友善的态度带到生活工作各方面。

第三章
创 伤

创伤在说话

有位当事人,小时候被父亲狠狠地摔到门槛上,一侧的头部受到撞击,虽然没有留下医学上可观察到的伤情,但奇怪的是,之后她头部的同一个地方会反复受到撞击。比如体育课上被铅球击中,那一侧颅骨上留下了一道凹进去的印痕。这个意外发生在中考之前,令当初伤害过她的父亲忧心忡忡。那么,从潜意识层面看,这个意外事件里有没有当事人对幼年那幕场景的抱持与回放呢?有没有以受伤的现象来宣泄愤怒呢?同时也是通过重新经历那一幕令她恐惧的场景,来隐性地释放求救的信号呢?

不仅如此,她成为母亲后,在孩子才几岁的时候,有几次情绪很激烈,她打了孩子,而且都是打在孩子的头上。孩子被打的部位甚至和她自己过去头被击打的部位一样。因为痛苦，她最终走进了我们的工作坊，通过学习和治疗，状况有明显改善。

有一次她和父亲聊天，父亲说起自己小时候被自己的父亲也就是这位当事人的爷爷，狠狠地拿手指敲在头上，头上立刻肿起了一个大包。父亲说这事的时候，表情很生动，显然这个场景一直留在他心里。

那一刻，这位当事人仿佛一下子明白了什么，仿佛头颅上那个伤痛，从父亲到她，又从她到她的孩子，一直在说话，一直在试图告诉他们什么。从她听懂了这个伤痛说的话的那一刻起，一直到现在，一年多了，都没有再打孩子，孩子也停止了各种撞头敲头的游戏。当事人与父亲的关系也好转了很多。

创伤通常指"超出一般常人经验的事件"，都是突然发生的、无法抵抗的，会给人无助感，会改变人的情绪和行为。它有级别的区分，创伤应激障碍则是指遭遇重大刺激后，整个人的状态不对了。一个月内能好转的，往往是急性应激反应；一个月好不了的，一般被诊断为创伤后应激障碍。我们工作坊上有很多创伤议题的个案，大多是指创伤后应激障碍。

创伤在类别上，有关于暴力的，有关于分离和丧失感的，有关于性的，有关于自然灾害的（比如地震、饥荒），也有关于

创 伤

战争和恐怖袭击的。创伤在主体范畴上又可分为个体的创伤与集体的创伤，在时间上又可分为急性的创伤和累积性的创伤。

从一个泛化的更大的角度来看，每个人都有心理创伤，只是很多人并没有清晰地意识到而已。比方讲，我们在乎的人，父母啊，伴侣啊，或者也包括那些谈不上重要的人，不经意之间对我们说的一句话，会让我们难受。

记得近 20 年前在纽约，我在聚会时但凡碰到那一位男性朋友，都会对他讲"You are fat"（你蛮胖的）。这句话其实很不礼貌，是蛮粗鲁的，可当时年轻气盛，上海和纽约那些所谓时髦的社交圈里，几乎人人都要显得直率、语出惊人，那似乎才是合潮流的，够"正"的。结果在三次以后，那位朋友托另一位朋友带话给我，说他很不安很受伤，感觉我在讽刺他、嘲笑他。当时听了很惊讶，但现在就清楚，那些自以为没问题的无心之语，往往就给别人造成了不舒服的甚至受伤的感觉。真是抱歉啊。

还有在每个人小时候，即使是与父母短暂分离，哪怕是几天，但如果父母没有事先解释清楚，或者一个小小的挫折，比如孩子考试考得不好，回家后父母没有安慰反而是责骂，这些都会在我们心里刻下伤痕。即使是成年后，伴侣出差几天没有联系我们，或公司里我们的业绩排名靠后，也会带给我们受伤的感觉。人生就是一个不停受伤、受挫,同时又在不停疗愈和重生的过程。一次次向前推进,永远不会停滞。

静与善的修养 29　谦虚

谦虚不是道德的要求，谦虚是真理的存在。当然这个需要个人去体会，看是不是这样的。

有没有过这样的体验：当我们今天情绪高涨，感觉顺风顺水的时候，第二天准保来一个事情，一下子好心情就被抑制了，转而变得忧心忡忡。有时这个转换更快，这一刻开心下一刻就不开心了。再比如，当我们自以为领悟了某个知识，过不了多久，我们又会被完全相反的知识和说法吸引，之前抓在手里的领悟和感动仿佛已变成了一堆灰烬。

只有谦虚，可以容纳上述种种无常与变化吧。

通过静与善的修养，大家稍微种一点点静定的种子和培养一下行善的习惯，那就很不错了。成长和蜕变是很难的，处处有歧路，养成一点安静和善良的习惯是比较切实的目标。

接下来可以听声音，或观呼吸，观呼吸时不要去控制呼吸，需自然呼吸。

……

慢慢睁开眼睛，一切都是新的。请把这种随时静下来，随时归零、更新的习惯和友善的态度带到生活工作各方面。谦虚一点，其实更能得到自己和别人的尊重。人的认知很有限，而谦虚能带来一个很大的空间。

放弃这要命的归属感

当生活、工作中有一些重复出现的事或现象,而这些事或现象并不是你喜欢的,那就需要来检查一下,为什么它们会重复出现,为什么你无法让它们停止出现。比如喝醉酒;比如对伴侣的愤怒,分手的冲动;比如经济拮据,需要一次次去借钱;比如身体的暴力,施虐和受虐。

这些负面的事件一次次出现,在创伤研究的领域,我们把它们称为"黑色天使"。意思是,这些事件是携带着信息而来的,是一次次来提醒我们去通过它们,看到它们背后的感受和需求。比如有个女人在婚姻中经常吸引到身体上的暴力行为:被老公打,然后自己又去打孩子。她每次都会痛哭,感觉很糟糕,可这种被伤害的感觉是她童年时就很熟悉的,经常看到爸爸打妈妈,她自己也会被父母打。简单地说,身体上的伤痛和心理上的恐惧,会让她有"在家"的感觉。当然这是病态的情感,可受苦又的确会给她归属感,所谓"因为在不幸当中,你感到与其他人相联系"。

这个归属感真是要命的,为了这个心灵中有家的感觉,为了和自己熟悉的亲人们可以永远地、紧紧地在一起,哪怕是穿越千山万水;或者用暴力、受伤、贫穷、愤怒等糟糕的方式,都要和自己的家在一起,和亲人们在一起。看电影、电视剧,有时会看到夫妻中一个遭遇不幸后,另一个会毫不犹豫地拿起毒酒喝下去,或举起一把枪对准自己。这样的剧情又偏偏很赚观众的眼泪,让人心生共鸣。

所以,看到一些不幸的、负面的事件或剧情一次次地出现在我们生活中,那往往是我们心灵深处有一些渴望要表达出来,是黑色的天使裹挟着如宿命般的暗流,一次次让我们看到,看到,看到。

看到什么呢?看到种种病态的信念、负面的情绪背后的需要,这些需要与我们的深层信念保持一致。比如那个经常吸引老公打她的女人,她需要在这种被伤害的痛苦里获得某种存在感的论证,需要一次次在负面的情境中与她记忆中的父母相遇,或者说,与爱相遇。因为,父母就是父母,就算伤害过我们,我们也无法抵挡去寻找他们的爱的冲动。

我们都需要去看到一些现象背后的需求,比如,贫穷,好不容易赚到钱又莫名其妙地没了；或者对伴侣总是感到愤怒，一言不合就甩门而出，需要分开一段时间；或者需要结束关系，再寻寻觅觅下一段关系；或者体弱多病，病病歪歪的；等等。这些现象背后隐藏的需求是什么？如果这种需求不存在，我们就不会有这样的经历，不会有这样的悲摧习惯，不会有这样的自我毁灭、自我否定的行为。

不要轻易责怪自己没有毅力、意志力，没有原则、太软弱等等，先看到自己身上那些负面现象背后的需求吧。好的心理治疗，必定会遵循一个原则：不去改变求助者，而是给他一个安全、清晰的空间，陪伴他去看到自己问题背后的需求。

静下来，凝聚一下，以下的话你可以发出声音来说："我，某某某，愿意放弃这个盲目的需求，放弃这个导致我生病、没钱、伴侣关系不成功、不敢走向成功的需求！我真心愿意健康、富有，有美好的伴侣关系，走向更广阔的社会阶层，同时保有心灵的简洁与亲切！"

你可以挑选目前最打动你的那个方面，比如健康，比如财富，比如自我的进步，就挑选一个点来大声地说出来！

静与善的修养 30　　静定之美

不知你是否曾体会过静定之美呢？看到墙角的一簇红艳艳的梅兀自开着，看到婴儿熟睡的脸，或者高速公路上飞快地驾驶着车，两边风景疾速后退，你却在车里凝神不动，心如止水，等等。可曾领略过那种境界？是清楚放松的，思绪不多，也不昏沉。

体验这种静定之美吧，持之以恒地去训练自己，仅仅是能够让自己静下来，稳定地静下来，就是人生一个了不起的成就，再加上行善，那生活会越来越幸福的。

请静下来，听四周的声音，不去具体分辨是什么声音，也不去抓取声音，只是放松了，自然会听到声音。注意力跑掉的话，再轻轻拉回听声音就好。或者你更喜欢观呼吸，那注意不要控制呼吸，要自然呼吸。

……

慢慢睁开眼睛，一切都是新的。请把这种随时静下来，随时归零，随时更新的习惯和友善的态度带到生活工作各方面。静定的好处人多了，试过就知道。

你真的动弹不得

关于性的创伤或被暴力袭击的创伤，有不少当事人受到的最深的伤害，其实不是来自加害者的侵犯，而是对自己的愤怒和失望。

比利时曾经举办过一个被性侵者在事发当时穿的衣服的展览。不少男性沙文主义的论调是那些被盯上的女人往往是穿着暴露，在变相地勾引加害者。而在那个展览上面，发现大部分的衣服都是牛仔裤和T恤衫，甚至还有警服。一位穿着警服，佩着枪的女警员，成为被侵犯的对象，可能是出乎不少人意料的。但在心理学界，这样的事也并非不可解释。

动物（包括人）在受到突然袭击，面临危险的时候，本能的反应有两种，英文叫fight or flight，前者是战斗，后者是逃跑。打得过，就打；打不过，就逃走。这是可以理解的。但还有第三种本能反应,叫 freeze。冻僵,或者叫冻结。外表看上去,受害者放弃了一切挣扎,原地不动,非常麻木地等待那致命的一击,好像是兔子面对一只大老虎,一动也不动,乖乖受擒,等着被吃掉。

这第三种反应往往会在创伤事件过后的很长岁月里,给当事人造成难以摆脱的困扰。当事人的亲人往往不能理解他为什么在当时既不逃走,也不反抗,而是束手就擒。而当事人更是无法原谅自己,自我表现出来的怯懦与软弱简直不可理喻,好像自己是毫无力量的。这种自我责备、自我否定非常有杀伤力,令当事人在心牢里囚禁了自己,无法走出创伤发生时的情境。

曾有一位女性当事人就面临这样的境况,身强体壮的她,在一次宴会后,面对强暴她的男人,丝毫做不了什么,没有一点反抗,也没有想办法逃脱,好像就是顺从了。和性的被强迫相比,自己当时那种顺从的不作为的感觉,是伤害她最深的。她陷在深深的自我怀疑中,在长久的时间里患上了抑郁症。这也是创伤后应激障碍的表现。

在之后的生活里,但凡是男性的朋友,哪怕是不经意地说一句话,或者给她提供一些帮助,她都会表现出不相称的反感和恐惧。她自己并没有自觉地去检查这种排斥男性的过激心理,但她的孩子却更清晰地帮助她把这种创伤性的反应夸大了，表现出来了。比如课堂上有男同学过来说话，她的孩子都会大发脾气。

成年人受到创伤，而且长时间地去压抑，去忽略的话，那么孩子会毫不犹豫地替父母去表达那种受伤后的应激反应。孩子的确是父母的一面镜子，凡是父母不想主动去疗愈的，那么那些症状和伤痛就会传给孩子。

所幸经过疗愈，上面那位当事人从创伤中走了出来，还顺利地进入了新的伴侣关系。

做心理治疗这项工作，会经常见证生命向上向善的力量，非常不可思议，仿佛不管受过多大的创伤，都有机会走出来，而且创伤带来的痛苦有多大，那么疗愈后收获的正能量就有多大。那些负面的能量可以经由被看到，被释放，被转化，然后成为推动我们走向幸福和爱的宝贵资源！

不要再轻易怪自己了，请给我们受过的所有伤害和伤痛，一个应有的尊严和慈悲！

静与善的修养 31　幸福在哪里？

大家都相信成功是属于少数人的，比如有个二八定律，说只有 20% 甚至更少的人才能获得金字塔上面部分的成功。而真正卓越的人，则更少。这可以说是一个相对客观的事实。但成功究竟是什么呢？传统的以物质和地位为标准的成功，渐渐在受到挑战，因为大家越来越发现表面的风光不能说明什么。在扁平化和去权威化的当下，人们越来越注重自我个体的和谐发展。换言之，成功的定义在当下已发生变化，很多主流媒体推出的文章也在宣扬普通人的伟大。比如一家官媒曾发过这样一篇文章，标题是：教育的最高境界，是让孩子成为平凡而幸福的人。事实上，人世间绝大多数人都是平凡的，不是吗？

如何通向幸福？我们一直提倡两条腿走路，静定修养和道德修养。前者让人减少消耗，脑子清楚，后者让人提升修为，内心温暖。这些修养也是中国传统的人格修养，日常生活中时刻在用的。持之以恒地努力提升这些修养，你会越来越幸福。

请静下来，听四周的声音，不去具体分辨是什么声音，也不去抓取声音，只是放松了，自然会听到声音。注意力跑掉的话，再轻轻拉回听声音就好。或者你更喜欢观呼吸，那注意不要控制呼吸,要自然呼吸。

......

慢慢睁开眼睛,一切都是新的。请把这种随时静下来、随时归零、更新的习惯和友善的态度带到生活工作各方面。愿你幸福!

当孩子无法移动

一个人从出生开始就会经受各种挑战,那些大大小小的困难时刻包含着我们要体验、要感知的议题,这些议题中又藏着我们的生活、心灵、身体。

孩子在这方面经受的压力,一点都不比成人小,甚至是更严重。只不过他们的灵性尚新鲜,他们处理伤害的心理功能相对来说更健康,所以你会发现孩子哭过、害怕过就又好了。

基于孩子的这种心理修复的本能,对孩子来说,拥有可以做到自我成长的父母就显得更重要了,因为这样的父母可以及时地帮助孩子度过种种伤害,这样的父母可以帮助孩子将强大的心理修复力发挥出来。

每一个人,尤其是每一位做父母的人,最好学一些心理学知识，帮助了解孩子。在他们身体受伤的时候，你会给他们消毒、包扎、吃药对不对？那在他们心灵受伤的时候，你也需要做一些处理，比如接纳孩子的情绪，陪伴孩子，而不是被情绪卷进去。就像我儿子讲的，小孩考试考不好已经伤心害怕了，为什么大人还要骂呀？这是一个好问题。

孩子的身体和心灵受到伤害时，如果家长处理得及时而正确，再大的伤害都可以安然度过。如果处理不及时或处理错误，再小的伤害都会变成创伤。创伤不仅在头脑层面留下记忆，也会在身体细胞里留下印痕。我接触过很多成年人，有人明知吃快餐对身体不恰当，但仍然吃大量的快餐，因为小时候被禁止吃快餐，甚至因吃被打骂过。未被满足的对快餐的渴望，以及因此受到的伤害的能量一直留在身体细胞里，被封存起来。这样的议题在当时及时处理的话，要比在成年后处理简单很多倍。

当然生命充满了遗憾，家长们也大可不必自责和担忧，我们自己也经受了各种不恰当的对待，我们有各自的局限。但学习是永远不晚的，换言之，要修正自己的认知和行为，永远都有机会。

当孩子有时显得叛逆，对抗我们，不听话，无法按我们希望的去移动的时候，我们需要很小心，不要轻易快速地下评判。

创 伤

曾经在马路上看到一个不停扯着嗓子在哭的小女孩,看得出孩子在情绪里。在前方等待的父母显然把这看成了一场亲子间的角力,喊着"别哭了,快点过来呀"。孩子没动,继续大声地哭。从她的哭声里能感受到求助的信号,期待父母过来帮助她,给她抚慰和允许。不清楚具体发生了什么,但看得出孩子被困在情绪里,很辛苦。父母依然和她对峙着,妈妈重复地说"过来呀"。僵持了一会儿,父亲生气地说:"再不过来,就把你扔在这里。"女孩依然没有动,在原地哭哭啼啼,声音里没有了愤怒,变得很无助。父母大多认为,这种时候的孩子是无理取闹,如果走向孩子,一会显得父母没有权威,二会养成孩子任性的毛病。其实,这得根据具体情况来看。

不管孩子还是成人,在有情绪的时候一般会"退行"。心理学发现,在头脑评估为不安全的时候,我们就会用回避来防御,尤其是小孩子。心理退行的时候生理系统受到影响,双腿是不由意识控制的。也就是说,孩子也许很想走到父母那里去,但她指挥不动双腿,动不了。

如果父母不了解孩子心理,孩子又不会清晰表达,最后就会发生父母很生气地指责孩子,孩子很焦虑、很恐惧地停留在原地的情况。这种停留也是一种冻僵反应。这一刻的生命能量就冻结在身体和心理某处,成为创伤。很多创伤就是在不了解的父母与无法表达的孩子之间发生的。

　　愿我们对孩子，对自己，都多一份了解，如果不了解，那至少多一份宽容和友善，这也是智慧的态度。因为我们承认每个生命都有不得已的时候，即使不知道真相，宽容总是对的。

静与善的修养 32　那些没有留意的奥秘

生活中充满了奥秘,成长的过程宛如打开一个又一个盒子,走向一段又一段旅途。你会不停地发现新的东西,对此也许疑惑惊讶,也许会心一笑。

日常的居家生活中,也充满不曾留意的奥秘。在那些与孩子和家人相处的时间里,只有静下来并用心体会,才能发觉其微妙的韵味。这就犹如幸福的奥秘被揭开。

有一次,孩子让我帮他听写,我放下手边的事,一个词一个词地念给他。他在那边埋头写字,铅笔在纸上摩擦着,发出沙沙的声音。四周很安静,我可以感受到母亲与孩子之间那份联结,美好而恬静。这是亲情该有的模样,只不过在这忙碌的时代,这份家庭里的安静流动成了稀缺品。

静下来,用心去感受,让这些居家时刻多呈现一些爱的奥秘。

接下来可以听声音,或观呼吸。

……

慢慢睁开眼睛,一切都是新的。请把这种随时静下来,随时归零、更新的习惯和友善的态度带到生活工作各方面。多听声音,多观呼吸,没事就早点睡觉,别熬夜。

你的坏脾气你的苦承袭了谁

很多人害怕创伤,觉得创伤和不幸是不吉祥的。但其实,一个个创伤就像珍珠串起的一条条线索,而这些线索会带领我们穿越头脑里的迷雾森林,最终与真实的自己相遇。不知你会不会同意?还是说你已经在探索自我的道路上有所感悟,已经与至少一部分的真实自我相遇了呢?如果是那样,那么你是幸运的。

相关的生物神经学和遗传学研究已经证明,心理创伤也会在家族代际传递。一些生理特征会传递,比如一户人家三代人的眼睛都是双眼皮、长睫毛,同样,心理特征包括受到的伤害或恐惧也会从祖父母、父母传递给孩子。

有位女当事人在自我成长的路上已经探索了很久,在伴侣关系、亲子关系和自身的健康方面都有令人满意的改善。但她用日益敏锐的觉知力，察觉到几十年来一直都有一层薄薄的像雾一样的东西包围着自己，这层东西像幽灵一样浸透了她的身心。有一天，她在静定练习后拿出纸笔，试着去和这层东西对话，去捕捉它的具体形貌。在用一连串的句子和词汇描述后，她锁定的是三个关键词："累死了""气死了""硬撑"。

然后她的眼泪流下来，知道这三个关键词和关键词背后的创伤已经为她指出了一条清晰的线索，这些词汇像珍珠一样在表象的森林中闪光。于是她没有停下来，一头扎进更深的黑暗里，她在纸上画出自己的母系和父系家族族谱，在写到外祖母和母亲时，她受到吸引，耐心地感受后，她发现了同样的三个关键词："累死了""气死了""硬撑"。

更多的眼泪如决堤一般倾泻而出，她在心里拥抱这两位最亲爱的女性长辈，感谢了她们，同时也放下了传递下来的女性创伤。那之后，这位女当事人的身心发生了更大的变化，仿佛长吐了一口气，获得轻松和自由。

在这个故事里，创伤不一定是很明显的事件，或是身体和心理症状，这里的创伤表现为对生活工作感到疲惫、撑不下去，常常想辞职不干，还有对老公的愤怒。在一次次与老公的争吵中，女人有个感受就是"累死了""气死了""死了算了""都是你害得我"……这里面相当一部分的委屈和绝望来自这个女人对外祖母的认同。

她的外祖父生了近二十年的病,一直在照顾外祖父的外祖母压抑了她的疲惫不堪与愤怒无助,还有一份想要离开的动力,这些却由后代来承接了。

那股情绪的能量,那些被排斥的人和事,不会平白无故地随着当事人的去世而消失,而是继续留在家族系统里,由某一位后代继承和表达出来。

这位女当事人还用同样的方法,把创伤和创伤表现出来的症状作为线索,帮助她的小孩解除了好几个伤痛,让孩子得以回归安宁。

比如孩子其中一种症状是害怕窒息,每逢感冒咳嗽时孩子会特别难受。有几次孩子爸爸用被子蒙住孩子玩,导致孩子惊恐发作。这位女当事人想到曾经难产,孩子在产道中一度窒息。于是这位妈妈用她的爱和学到的疗愈技术耐心帮助孩子,孩子得到了抚慰,后来就再也没出现过恐惧窒息的情况。

像上面这位女当事人一样的女性越来越多,她们精勤不懈地探索自我和生命,首先解放和提升了自己,然后也惠及了家人和身边其他人,这是值得赞叹的!也许,这真的是一个女性觉醒引领人类意识进步的时代。

创伤议题和我们每一个人的实际生活相关联,问题有大有小,但都是像珍珠一样闪亮的线索。这些线索会指引我们穿越问题,得到解放。

你也可以试着用纸和笔写下最戳中你的一些句子和词汇,这些句子和词汇代表你的核心感受和信念,并且时刻都在影响你,甚至在控制你的表情、长相和身体的姿势。然后你也可以和上面那位女性一样画一个家族族谱,看看有没有某一位长辈也拥有和你一样的感受和信念。

最后推荐书籍《这不是你的错》,上面有更多的家族创伤的信息与觉察办法。

静与善的修养 33　高速公路上

越来越喜欢在高速公路上开车,心灵会得到休息。有一次需要带着孩子开近三个小时的车,孩子逐渐睡着了,车里有一种安宁的氛围。四周的声音清清楚楚,呼吸清楚,方向盘上的手和踩在油门上的脚的动作,哪怕细微,也很清楚。头脑中没有什么念头。念头会消耗能量,而清楚安静地做事,包括在高速上行进,不容易累。

不容易累,就是一种解脱。这种静定功夫看上去那么平实,与我们生活工作的品质却息息相关。这和我们之前想象的修养只属于学者或贤人是迥然相异的。所以才说"平常是道"吧。中国人做这样的修养已经两千年了。

能享受安静是一种福气,而在一辆高速奔驰的车内,有动有静,动静结合,那种宁静特别地有味道。

现在,我们开始闭眼,仍然不加分辨地听声音,或者观自然的呼吸。

……

慢慢睁开眼睛,一切都是新的。请把这种随时静下来、随时归零、更新的习惯和友善的态度带到生活工作各方面。在各种场合,只要静定了,就会散发让人舒服的气场。

她用梦解除了性创伤

只要有生命存在,就必然会有大小各种创伤。为什么呢?因为,每一天每一刻我们都在生命之流中漂荡,变化的环境,变化的事物都构成了挑战和压力。中国人习惯说活到老学到老,也就是说,直到生命的终点来临之前,我们都无法停止学习、应对、调整、解决困难。认识到这一点,也许就会平静了。

比如,一段非常困难的婚姻关系中的两个人,经过一段时间的治疗后,关系好转不少,但依然积怨难消。我直接问丈夫和妻子:"你们认为你们两个是谁啊?是婚姻绝对不应该有问题、人生绝对不能有痛苦的人吗?"两个人开始静下来细细思考这个问题。当他们认识到他们的问题只是大多数夫妻都会面对的问题时,平静突然降临。这对夫妻现在依然在一起，而且越来越和谐。

心理学家荣格说："那些没有被看到的潜意识部分，统统都成为了我们的命运。"潜意识，顾名思义是潜藏在我们无法触及的意识底层的，蕴含了很多你不知道的秘密和局限，平时没有机会去看到，除非你去参加专业心理治疗。过去人们把心理治疗看成是贬义的，是很不好的人才需要的，幸运的是大家现在意识改变，知道了心理成长与心灵保养的重要性。

除了专业帮助，在日常生活中我们还能通过检查自己的口误、笔误以及梦境等来捕捉自己的潜意识以及藏在潜意识的创伤。笔误、口误，大家都很有经验了吧，有时说错了话，或者打错了字，其实不要急于掩盖，把这些出错的话和字悄悄记住，因为它们很可能是来自你潜意识的真实想法。而且它们往往是和你的意识截然相反的。

至于梦，大家应该听说过弗洛伊德的《梦的解析》。我的经验是，梦没有一定的套路，它是灵动的，是当下的一个呈现。可以用良好的静定功夫来解梦，也就是在足够安静的时候，回味梦的内容，你自然会知道，会破译出你潜意识想告诉你的东西。

比如一位女性朋友，她与我分享她如何解除自己的性创伤，就是通过一系列的梦境。而且这些梦都发生在她积累了

创 伤

一些重大的突破和付出后,换句话说,这些梦是在她积累了足够的努力和福报后降临的礼物。整个长度历时三年,整整三年。

在某一个梦中,具体不讲那个故事了,她被深深地惊愕住了,这么纠结、不可思议的分裂性,她通过那个梦清楚地看到潜意识可以变得怎样变态和扭曲,最终形成一套诡异的悖论,指导她二十多年的对性的态度和行为。简单地说,她发现自己用来保护自己的模式,恰恰是在挑衅诱惑加害者来伤害自己。

略过中间的梦,在最新的一个梦中,她清楚地发现自己在性上面,不仅是被玩弄,而且也在玩弄别人,最重要的是在玩弄自己!

"看到"是疗愈的开始。或者说,"看到"就是疗愈。因为我们真明白了,就会发生自然的改变。这就是一个实际的探索自我、疗愈潜意识层面创伤的例子。真实有效的探索一定是坦诚的,不自欺、不欺人、不被人欺的,也只有这样,疗愈才会发生。而且发生得很快,超过你设想的。而疗愈后的感觉之美好,也只有自己体验过才知道。

静与善的修养 34　静定帮助行善

行善没那么容易。

看到新闻讲广东有位企业家花了3亿建了258套别墅赠给乡亲,却被提各种要求,还遭到打砸。还有家爱心馒头店,专门为环卫工人提供免费馒头,但有人领完馒头还要求店主再给两块钱,也有离职的工人去领,被拒后竟破口大骂。

不知大家对这个现象会有什么想法。善与恶,在人性中同时存在。怎么去激发人性中的善而让恶隐而不发?也许关键还是需要去看清楚。

那怎么看清楚?看清楚的前提是什么?

是静下来,对吗?当我们不知道该不该做某件事,不知道怎么办的时候,常会说"让我先静一静",为什么呢?因为静能生慧。静下来脑子就会逐步清楚。

同样,当我们行善的时候,在清楚的状态下做得更好更圆融。而在清楚的状态下,如果有外界的质疑或恶意恶语,也会有力量去维护自己的善行坚固。所以为什么心性修养要同时包含静定和行善,道理是不是在这里呢?

接下来,照例不加分辨地去听声音,或者观自然的呼吸。

……

创 伤

　　慢慢睁开眼睛,一切都是新的。请把这种随时静下来,随时归零、更新的习惯和友善的态度带到生活工作各方面。静定能够帮到行善,同样行善也能帮到静定。

侦破创伤给出的信号

创伤这个议题,真的是越战越勇,需要勇气去面对,也需要智慧和爱去温暖和化解。

日常生活中,我们身边的点点滴滴里都会透露出一些信号,这是潜意识在通过这些信号发声,希望我们能看到。

我们潜意识里有相当一部分沿袭了家族的一贯的心智和情感模式,包括一些因为恐惧而被排斥的创伤事件,还包括被鄙视、被遗忘的家族成员。系统出于平衡的需求和因果的规律,一直在通过我们谋求完形,谋求结束。

一对伴侣经历了很多波折和诸多不顺,在差不多要分手的时候找到了我们。在处理了各自与父母严重的联结中断后,他们有了一个新的开始。其中一个令我赞叹的细节是,他们会每天各自检查自己的起心动念和行为,然后每天有至

创 伤

少几分钟的时间坐下来,分享、沟通、交换想法。他们树立了共同目标,就是要幸福和谐的关系。每天分享时就会回忆当天有哪些语言和行为是符合这个目标的,又有哪些是不符合的。

比如男人下班后习惯性地躲进书房玩手机,留下女人一个人做晚饭,女人心里有不舒服。这不符合他们要和谐关系的目标,于是,进行修正和调整。渐渐地,发展到后来,这个觉知越来越快,都不需要留到晚上专门讨论了,有些惯性的不良模式一出现,他们就都会改。

比如发现自己和对方说话时拉着个脸,说话声音里有怨气,觉知后立刻调整表情和声音;比如在外地出差,本想时间从容一些在外地留过夜再回家,觉知后,便当夜买票赶回家;看到深夜家里那盏为他留的灯,桌上热腾腾的一杯茶,明白这就是回家的感觉。

再来说创伤。情绪上来非常难受时,熟悉的受害者情结又来了,这就是创伤。受害者情结是很多人的老朋友了,动不动就会来。然后想着对方什么什么没做好,怎样怎样辜负了自己、伤害了自己,然后恨不得立刻把一只杯子扔到对方脑袋上,和对方一刀两断,永不相见。然而,这个时候,突然转念一想,发觉自己还有个要好好维系伴侣关系的目标,冷静下来,知道这条向外投射的路是永远走不通的,那种痛苦绝望受够了，只好硬着头皮向内看。用合适的方法处理情绪，转化了情绪后，往往发现自己也不是没有错，更重要的是，那股对对方的恨和绝望消失无踪了，因为情绪本来就是一股能量而已，流过就流过了，而日子会继续平静而有滋有味地过。

受害者情结是典型的创伤，要及时觉察到。很多受害者情结是代代相传的，来自父母长辈，不是我们自己的。没有觉知不行，可以说，情绪和头脑都会骗人。

我们要像前面提到的那对夫妻一样，在日常生活中加强有意识的觉察和改变。我们头脑里往往想着要幸福，要快乐，要有钱，要健康，而潜意识里尽是对不快乐、不幸福、不健康、没有钱的忠诚执着，尽是对我们目标的违背。南辕北辙，互相矛盾，是潜意识和意识之间的状态。

这对夫妻各自原生家庭里的动力和创伤都很强，有过很多失败和不幸，这些东西也曾经影响过他们当下的生活，但经过治疗和有意识地觉知调整，他们已经相对自由了。仿佛能看到他们的家族长辈们在对着他们欣慰地微笑。我们能不能学习那对夫妻，能不能像他们那样学会觉察自己的心念、言语、表情、行为，而及时调整呢？

问题模式在日常生活中流露出蛛丝马迹，实际上是我们的创伤在说话。当我们能够幸福自在的时候，我们实质上，也疗愈了我们的家族。我们就是家族中一股解放的，进化的，充满希望的力量。

愿我们侦破创伤的蛛丝马迹,耐心地疗愈自己,转变关系,坚定地以幸福、自在、富足为目标前行!

静与善的修养 35　行善帮助静定

静定能够帮到行善,行善反过来也能帮到静定。

有没有过这样的感觉:做完一件好事,帮到了别人,你自己在那一刻就感到身体热乎乎的,心理上则有一股宁静出现。一件善事可以带来一天甚至更久的心灵安详,那是类似于义所当为,无愧于心的感觉。道家的观点是善能生阳,恶能生阴。做善事,阳气就充满,做坏事,则忧愁苦闷并带来更多阴气。

所以有句话讲"为善最乐",即使别人不知道你的善行,你依然可以乐得如花展开。

接下来,我们照例不加分辨地去听声音,或者观自然的呼吸。

……

慢慢睁开眼睛,一切都是新的。请把这种随时静下来、随时归零、更新的习惯和友善的态度带到生活工作各方面。善能生阳,为善最乐。

女性的天花板 —— 自我贬低

我认识很多女性，按世俗的标准看是蛮优秀的、成功的，美貌和智慧兼具，是学霸、女总裁。却发现一个奇怪的现象：几乎每个女人，哪怕是这么优秀的女人的头顶上，似乎都有一层透明的天花板。这是什么意思呢？即大部分女人都有自我贬低的倾向。

有一位做生意很成功的女性，财务自由，相貌也很不错，特别是头脑清楚，口齿伶俐。但这样一个女性，伴侣关系却屡屡失败，甚至患上了抑郁症。几次课程后，抑郁症好转了，已经从要自杀中走出来。看起来问题似乎逐渐解决了，但事实上，她内在深处那股不安的躁动没那么容易安抚。

她总是很自信，觉得自己一个人就能搞定自己的生活，自己的人生可以由自己做主，所以在伴侣关系里都与对方保持距离，不愿意谈婚论嫁。但同时她又会无意识地抓取男人，在一个个深夜里和对方倾诉很长时间。用她自己的话来讲，她更喜欢和男人打交道和聊天。朋友圈虽然很大，但能聊天的女性朋友最多一两个，甚至可以说没有。后来，男朋友也变得若即若离，用现在一些女性鼓吹的话来说叫"关系自由"。什么叫"关系自由"？海灵格先生会对这样的状况慢悠悠地说一句"Freedom is cheap"（自由是廉价的）。

和男人的关系自由，其实恰恰是在说不自由。内在情感里还有一大块无法碰触的盔甲，她用这盔甲把自己保护了起来。她会害怕爱，为什么呢？因为爱往往带来心碎。或者早年时期与父母的联结有过中断，就再也无法相信承诺。无法信任亲密的关系会成功，也害怕亲密，所以就干脆要自由，省得心再碎掉。

这位女士的身体健康和心理认知虽然有了质的好转，但头顶依然有厚厚的玻璃天花板。这个天花板就是对男人既不信任又无法不依赖的尴尬，也是对自身生命本有的美丽和力量的无法看到；这个天花板，从某种意义上讲，其实也是一种集体潜意识。每个人都有，男人也有，大约女性表现出来的总会比较虐心，比较折腾。

每当我看到这些聪明美丽的同类虐心地折腾，眼前就会有一个画面浮现：一株株美丽的狂野的树，在自己制造的飓

创 伤

风里摇晃，树上那些美丽的花瓣被飓风吹落。幸福需要一定的谦卑，要懂得放掉一些折腾劲。女性在生命历程中的创痛有一些与男性相似，但也有很不一样的。过去几千年，这个集体意识对女性竭力压制和贬低，比如把女人看成是神经质的、不吉祥的、不干净的等等，也就是说女人是很看不起自己的。这些潜意识的画面其实在女性自己的内部会存在更多，需要去觉察。

静与善的修养 36　谜之愉悦

春天的风

让人酣醉，

杜鹃，

芍药，

丁香，

茶花，

还有

香味凛冽

充满个性的

柚子花，

仿佛都在说着什么。

各位有没有发现，只要有花，随便在电脑上敲出一行字，都会变作诗。

很多时候，我喜欢倾听花朵，并且用它们的语言，去说出一份宁静和无忧无虑的满足。我们偶尔要走出去，在花丛中漫步，体会谜之愉悦。

一天又一天，既要有面对难题时的思考与思虑，也需要放马南山的无牵与无挂。自己学会调节，才是修养在实际人生中的践行吧。

接下来,照例不加分辨地去听声音,或者观自然的呼吸。

……

慢慢睁开眼睛,一切都是新的。请把这种随时静下来,随时归零、更新的习惯和友善的态度带到生活工作各方面。花间总有谜一般的生机勃勃,让自己休憩,让自己愉悦,是很大的善行吧。

你更擅长和男人还是女人打交道

我们观察一下,对很多人来说,影响他人生幸福和成功的根柢是什么呢?是"移动"。这也是家庭系统排列中的核心,对很多人却又经常构成一个盲点。

我们不妨想象一个情境:一对夫妻处在矛盾中,谁都不理谁,谁也不想做那个主动和解的人。那这里用现象来看就是谁都不想主动向对方移动。这就是走向和解、走向幸福的移动受到阻碍的典型现象。移动受阻,是系统排列的语言。用精神分析的话说是,童年与父母的联结的中断;用催眠师的话说是,出现了冻结的状态,动不了了,其实也是没有能力和意愿去动。

中国人说"家和万事兴",很有道理。伴侣关系往往是最多地投射了与父母关系的地方,能够在伴侣关系里移动,说出"我需要你"这四个字,就是走上了通向幸福的快车道。

所有的争吵、愤怒、委屈和恐惧,都是求爱而不得。而抛掉这些情绪的面具,背后是一份对爱的渴求,正面说出来,就是从孩子变为成年人的时候。

成年人会正面表达自己的需要,而不是试图通过各种情绪和策略去控制对方。成年人要去哪里就自己移动去哪里,这才是自由。不能主动去移动,就是陷在一个受害者的情结里,仿佛就是等在一个坑里。像不像一个委屈无助的孩子在等着父母走向他,来喂他、爱他?这样的状态不是说不对,而是无效。因为你不是孩子了,而且可能已经有了自己的孩子。这样做会有两个负面影响:第一,无法给孩子树立正确的榜样;第二,你的伴侣不会买你的账,他也往往会在那个状态里,等着你先过去认错。

在这样的僵持不动中,最被辜负的人其实还是你自己。为什么呢?因为你失去了自由。无法主动移动,无法为自己负责的人是没有自由的。

如果你说你已经相当积极主动地在移动了,那就要恭喜你。这里就引出了我们要厘清的第二个问题:怎么移动?究竟向谁移动?就像我们前面提到的那位女性当事人,她更擅长和男人打交道,从关系的原形上讲,她的移动就是朝向父亲的。不仅是她,我还看到很多女性有些同样的移动,她们会成为已婚男人的情人，会跟随男性的权威，比如男性老板、男性导师。她们的打扮要么是性感，要么是中性。不是说女性不能向父亲移动，女性也很需要向父亲移动，但是如果她们身上的女性能量没有得到允许和祝福，她们没有真正接纳自己的女性身份，当亲密关系、事业和健康出现问题的时候，就需要检查她们是否能够向母亲移动了。

　　同样，也有很多来到我们课堂的男性当事人是朝向母亲移动的，他们擅长和女性打交道，他们的业绩或经济收入和女性客户、女性老板有很大的关系。我们导师班一位同学讲过一个有趣的故事，他的前合伙人，男性，和爸爸关系不好，创业一次就失败一次，但很奇怪，他的钱倒是不少。从哪里来？房子拆迁得到很大的回报，然后新的房子又拆迁了，又得了一笔钱。在家庭系统中，母亲代表了金钱和归属，父亲代表了事业和力量。男性能向母亲移动没有错，也很需要，但是无法向父亲移动的男性，其事业会出现一些问题，有的时候是严重的问题。也许人生总免不了出现问题，但是如果我们能够有意识地调整一下身心状态，移动起来，而且依照我们的性别向同性别父母移动，然后得到轻松和成功，这样的探索，值得一试吧？

静与善的修养 37　蜗牛爬也比不做强

前几天去闺蜜家,遇到她的老父亲,80多岁了,满面春风,气色好得很。聊起来,有段话令我印象深刻,他说每天写书法,打太极拳,每天都做一点点,标准不用很高,坚持起来不难。

他还说,一两年里,这样做的效果和不这样做比起来还不明显,但五年后就明显了,而坚持了五十年后,这个差别就不是一般地大了。相比于他周围同龄的人,有的已经走了,有的百病缠身,但闺蜜的老父亲耳聪目明、身体安健。

书法和太极都是中国人练静定的方式,从每天做一点点开始,持之以恒,再看效果,就会不同。

接下来,照例不加分辨地去听声音,或者观自然的呼吸。

……

慢慢睁开眼睛,一切都是新的。请把这种随时静下来,随时归零、更新的习惯和友善的态度带到生活工作各方面。生命是一个过程,美好需要持续地去累积去追求。

与爱重逢

大家最渴望的就是爱,这是人性。有句话说,我不怕死,只怕没人爱。

从出生来到这个世界的那一刻起,我们首先寻求的是父母的爱。但父母也有他们的局限和与生俱来的负担,无法满足我们所有的需求。然而生命的顽强是难以想象的,就像我们的生命,当初是由某一个精子跑赢了其他一亿多的对手才被制造出来的。我们这一生为了寻求爱,也一直在使出浑身解数,甚至付出生命也在所不惜。

承认这一点,人生就会变得简单,承认这一点,幸福就会来得容易些。承认这一点,我们了解自己的时候,也会对别人多一份理解和关爱。

认识一位国内知名的企业家,一路过来,在各个行业的事业都做得很精彩，获得很多资本的追捧，最近却在类似休息的状态。他的童年不完美，缺爱，一直与重要的亲人没有联结，把事业做得一大再大的背后动力，何尝不是为了让全世界看见他大大的存在。而全世界，其实是父母的投影，我们终究还是需要生命的给予者，也就是我们父母的爱和肯定。就好像说父母把我们带到这个世界上，如果不爱我们，不肯定我们，那我们的生命就无法散发光彩，走向自由和解脱。

可真的是这样吗？人生若是一场幻梦，那最大的幻觉之一莫过于没有爱。到底是真的没有爱，还是你看不到人家给你的爱？这里的人家最初指的是父母，后来可以是伴侣、朋友、工作中遇到的人等等。我们曾用很多方法帮助学员用身心去体验到爱！爱一直在，从来没有离开过。这不是道理，不是说教，是可以用排列的手法实际体验到的，体验到的时候身体会有反应，情绪和感受也会从内在流出来，之后就会有改变自然而然地发生。看到即疗愈，看到爱一直在，之前的幻觉会消散，问题会得到解决。

"知幻即离"，意思是知道它是幻觉的同时，就会离开幻觉。离开没有人爱你的幻觉就是与爱重逢。所谓幻觉可以说由四个部分构成：情绪、感受、记忆和认知模式。这四个东西像厚厚的灰尘，也像层叠的乌云，遮挡住了我们明亮的心，让我们看不到爱!

在众多案例中,即使是到了看不到一点爱的地步,最严重的地步,其实依然有最原始的爱在那里。那是什么呢?是你的生命,生命是最大的。活着就是胜利。就算遭受过一些什么,或者没有得到过你想要的,你都可以用父母给的生命去创造、去争取、去体验和探索。也就是说生命本身就是最大的爱,难道不是吗?恭喜你已经拥有。

成长是一条漫长而足够复杂的路,不应该只是一时兴起去成长,而是要充分估计人生路上不断的挑战和功课,把成长和吃饭、睡觉、赚钱、保养身体一样列入每天的日常。苟日新,日日新,又日新。

南怀瑾先生讲,如果说上一个世纪是癌症的世纪,那这个世纪就是精神病的世纪,在心理压力普遍增大的环境下,很难想象一个家庭不重视心理建设和家风的维护,也很难想象一个个体不投资时间和金钱到心灵的保养上。"有心理问题就表示这个人不好"的时代早已经过去,现在是主动成长、主动保养心灵的时代。世界和他人都是我们自心的投射,当我们一次次看清生命中存在那么多的幻想,当我们拨开乌云一样层层的幻想,看到生命本有的爱,父母、爱人以及其他人给予的爱,还有我们给予家人、友人以及其他人的爱,这个时候只有深深地,深深地感恩和赞叹,这是一个真实而美丽的世界。

我们一起梳理了伴侣关系、亲子关系和创伤这三个板块，每一个板块的核心都离不开爱。最后我们附上与爱重逢十五条，愿你我共同成长，看清更多有关爱的真相。

第一部分：关于人

人生就是不断打破幻象的过程。

你比你的痛苦大。

没有两个人是一样的。

一个人不能改变另一个人。

有情绪时先处理情绪，再做事。

人性需要关爱、尊重、了解、欣赏、接纳，对人性有多了解，你的幸福与成功指数就有多高。

第二部分：关于系统

系统的三大法则：秩序、归属、平衡。

我好、你好、系统好的三赢格局。

第二部分：关于爱

爱有两种，合乎秩序的爱滋养人，违背秩序的爱伤害人。

爱与恨是一体两面，允许恨出来，爱才会更多地出来。

真正的爱如大地,可以藏污纳垢。

第四部分:关于成功

生命本身就是最大的成功。

修身齐家是事业成功的根基。

像走向父亲一样走向事业,像走向母亲一样走向财富。

真正的成功源自传统心性修养,静定修养 + 道德修养。

静与善的修养 38　两条腿走路

诸葛亮，卧龙先生，可以说是千古流传的中国文化典范人物。他的《诫子书》不长，但里面就包含了静定修养和道德修养，全篇是这样的：

夫君子之行，静以修身，俭以养德。非澹泊无以明志，非宁静无以致远。夫学须静也，才须学也，非学无以广才，非志无以成学。慆慢则不能励精，险躁则不能治性。年与时驰，意与日去，遂成枯落，多不接世，悲守穷庐，将复何及！

这个是他临终前写给儿子诸葛瞻的家书。静以修身，非宁静无以致远，讲的是静定修养；俭以养德，非澹泊无以明志，讲的则是道德修养。

最后，在这里借着分享古人和圣贤的智慧，来总结心性修养也即静定修养和道德修养的重要性。静与善这两个修养，犹如人的两条腿。愿我们一起，持续地踏实地用这两条腿走路，向前，向前！

一起听声音，放松地自然地听，也不去分辨是什么声音；或者观呼吸，不要控制呼吸，观自然的呼吸就好。中途如有念头也没关系，注意力再拉回来，继续听声音或观呼吸。

……

慢慢睁开眼睛,一切都是新的。请把这种随时静下来、随时归零、更新的习惯和友善的态度带到生活工作各方面。愿我们这一生做好静定,同时行善积德。

祝福大家喜悦吉祥!